U0339395

第一推动丛书: 宇宙系列
The Cosmos Series

时空的未来
The Future of Spacetime

〔英〕史蒂芬·霍金 等 著   李泳 译
Stephen Hawking

湖南科学技术出版社

总序

《第一推动丛书》编委会

　　科学，特别是自然科学，最重要的目标之一，就是追寻科学本身的原动力，或曰追寻其第一推动。同时，科学的这种追求精神本身，又成为社会发展和人类进步的一种最基本的推动。

　　科学总是寻求发现和了解客观世界的新现象，研究和掌握新规律，总是在不懈地追求真理。科学是认真的、严谨的、实事求是的，同时，科学又是创造的。科学的最基本态度之一就是疑问，科学的最基本精神之一就是批判。

　　的确，科学活动，特别是自然科学活动，比起其他的人类活动来，其最基本特征就是不断进步。哪怕在其他方面倒退的时候，科学却总是进步着，即使是缓慢而艰难的进步。这表明，自然科学活动中包含着人类的最进步因素。

　　正是在这个意义上，科学堪称为人类进步的"第一推动"。

　　科学教育，特别是自然科学的教育，是提高人们素质的重要因素，是现代教育的一个核心。科学教育不仅使人获得生活和工作所需的知识和技能，更重要的是使人获得科学思想、科学精神、科学态度以及科学方法的熏陶和培养，使人获得非生物本能的智慧，获得非与生俱来的灵魂。可以这样说，没有科学的"教育"，只是培养信仰，而不是教育。没有受过科学教育的人，只能称为受过训练，而非受过教育。

　　正是在这个意义上，科学堪称为使人进化为现代人的"第一推动"。

近百年来，无数仁人志士意识到，强国富民再造中国离不开科学技术，他们为摆脱愚昧与无知做了艰苦卓绝的奋斗。中国的科学先贤们代代相传，不遗余力地为中国的进步献身于科学启蒙运动，以图完成国人的强国梦。然而可以说，这个目标远未达到。今日的中国需要新的科学启蒙，需要现代科学教育。只有全社会的人具备较高的科学素质，以科学的精神和思想、科学的态度和方法作为探讨和解决各类问题的共同基础和出发点，社会才能更好地向前发展和进步。因此，中国的进步离不开科学，是毋庸置疑的。

正是在这个意义上，似乎可以说，科学已被公认是中国进步所必不可少的推动。

然而，这并不意味着，科学的精神也同样地被公认和接受。虽然，科学已渗透到社会的各个领域和层面，科学的价值和地位也更高了，但是，毋庸讳言，在一定的范围内或某些特定时候，人们只是承认"科学是有用的"，只停留在对科学所带来的结果的接受和承认，而不是对科学的原动力——科学的精神的接受和承认。此种现象的存在也是不能忽视的。

科学的精神之一，是它自身就是自身的"第一推动"。也就是说，科学活动在原则上不隶属于服务于神学，不隶属于服务于儒学，科学活动在原则上也不隶属于服务于任何哲学。科学是超越宗教差别的，超越民族差别的，超越党派差别的，超越文化和地域差别的，科学是普适的、独立的，它自身就是自身的主宰。

　　湖南科学技术出版社精选了一批关于科学思想和科学精神的世界名著，请有关学者译成中文出版，其目的就是为了传播科学精神和科学思想，特别是自然科学的精神和思想，从而起到倡导科学精神，推动科技发展，对全民进行新的科学启蒙和科学教育的作用，为中国的进步做一点推动。丛书定名为"第一推动"，当然并非说其中每一册都是第一推动，但是可以肯定，蕴含在每一册中的科学的内容、观点、思想和精神，都会使你或多或少地更接近第一推动，或多或少地发现自身如何成为自身的主宰。

再版序
一个坠落苹果的两面：
极端智慧与极致想象

龚曙光
2017年9月8日凌晨于抱朴庐

连我们自己也很惊讶,《第一推动丛书》已经出了25年。

或许,因为全神贯注于每一本书的编辑和出版细节,反倒忽视了这套丛书的出版历程,忽视了自己头上的黑发渐染霜雪,忽视了团队编辑的老退新替,忽视好些早年的读者,已经成长为多个领域的栋梁。

对于一套丛书的出版而言,25年的确是一段不短的历程;对于科学研究的进程而言,四分之一个世纪更是一部跨越式的历史。古人"洞中方七日,世上已千秋"的时间感,用来形容人类科学探求的速律,倒也恰当和准确。回头看看我们逐年出版的这些科普著作,许多当年的假设已经被证实,也有一些结论被证伪;许多当年的理论已经被孵化,也有一些发明被淘汰……

无论这些著作阐释的学科和学说,属于以上所说的哪种状况,都本质地呈现了科学探索的旨趣与真相:科学永远是一个求真的过程,所谓的真理,都只是这一过程中的阶段性成果。论证被想象讪笑,结论被假设挑衅,人类以其最优越的物种秉赋 —— 智慧,让锐利无比的理性之刃,和绚烂无比的想象之花相克相生,相否相成。在形形色色的生活中,似乎没有哪一个领域如同科学探索一样,既是一次次伟大的理性历险,又是一次次极致的感性审美。科学家们穷其毕生所奉献的,不仅仅是我们无法发现的科学结论,还是我们无法展开的绚丽想象。在我们难以感知的极小与极大世界中,没有他们记历这些伟大历险和极致审美的科普著作,我们不但永远无法洞悉我们赖以生存世界的各种奥秘,无法领略我们难以抵达世界的各种美丽,更无法认知人类在找到真理和遭遇美景时的心路历程。在这个意义上,科普是人类极端智慧和极致审美的结晶，是物种独有的精神文本，是人类任何其他创造 —— 神学、哲学、文学和艺术无法替代的文明载体。

在神学家给出"我是谁"的结论后，整个人类，不仅仅是科学家，包括庸常生活中的我们，都企图突破宗教教义的铁窗，自由探求世界的本质。于是，时间、物质和本源，成为了人类共同的终极探寻之地，成为了人类突破慵懒、挣脱琐碎、拒绝因袭的历险之旅。这一旅程中，引领着我们艰难而快乐前行的，是那一代又一代最伟大的科学家。他们是极端的智者和极致的幻想家，是真理的先知和审美的天使。

我曾有幸采访《时间简史》的作者史蒂芬·霍金，他痛苦地斜躺在轮椅上，用特制的语音器和我交谈。聆听着由他按击出的极其单调的金属般的音符，我确信，那只留下萎缩的躯干和游丝一般生命气息的智者就是先知，就是上帝遣派给人类的孤独使者。倘若不是亲眼所见，你根本无法相信，那些深奥到极致而又浅白到极致，简练到极致而又美丽到极致的天书，竟是他蜷缩在轮椅上，用唯一能够动弹的手指，一个语音一个语音按击出来的。如果不是为了引导人类，你想象不出他人生此行还能有其他的目的。

无怪《时间简史》如此畅销！自出版始，每年都在中文图书的畅销榜上。其实何止《时间简史》，霍金的其他著作，《第一推动丛书》所遴选的其他作者著作，25年来都在热销。据此我们相信，这些著作不仅属于某一代人，甚至不仅属于20世纪。只要人类仍在为时间、物质乃至本源的命题所困扰，只要人类仍在为求真与审美的本能所驱动，丛书中的著作，便是永不过时的启蒙读本，永不熄灭的引领之光。

虽然著作中的某些假说会被否定，某些理论会被超越，但科学家们探求真理的精神，思考宇宙的智慧，感悟时空的审美，必将与日月同辉，成为人类进化中永不腐朽的历史界碑。

因而在25年这一时间节点上，我们合集再版这套丛书，便不只是为了纪念出版行为本身，更多的则是为了彰显这些著作的不朽，为了向新的时代和新的读者告白：21世纪不仅需要科学的功利，而且需要科学的审美。

当然，我们深知，并非所有的发现都为人类带来福祉，并非所有的创造都为世界带来安宁。在科学仍在为政治集团和经济集团所利用，甚至垄断的时代，初衷与结果悖反、无辜与有罪并存的科学公案屡见不鲜。对于科学可能带来的负能量，只能由了解科技的公民用群体的意愿抑制和抵消：选择推进人类进化的科学方向，选择造福人类生存的科学发现，是每个现代公民对自己，也是对物种应当肩负的一份责任、应该表达的一种诉求！在这一理解上，我们将科普阅读不仅视为一种个人爱好，而且视为一种公共使命！

牛顿站在苹果树下，在苹果坠落的那一刹那，他的顿悟一定不只包含了对于地心引力的推断，而且包含了对于苹果与地球、地球与行星、行星与未知宇宙奇妙关系的想象。我相信，那不仅仅是一次枯燥之极的理性推演，而且是一次瑰丽之极的感性审美……

如果说，求真与审美，是这套丛书难以评估的价值，那么，极端的智慧与极致的想象，则是这套丛书无法穷尽的魅力！

前言

"这不是一本内容单一的书，它汇集了不同趣味的文章，还残留着拼接的痕迹。我们的编辑，W. W. Norton 出版公司的 Ed Barber 自始至终支持着这件事情，尽管我们好像有几回听他不无忧虑地说起"大杂烩"，他还是支持的。其实，这本书本来就该是这个样子，一本中庸的不同品味的文章的集合。科学和科学家也正是这样的 —— 不同的人物和事件混合在一起，没有紧张的约束，也没有严格的组织。

不过，书的背后还是有着组织的原则：作品是优秀的，也是可读的 —— 几乎没有一个方程。它们都在谈现代的时空物理学。最重要的是，这些文章，原来都是 2000 年 6 月 3 日为祝贺加州理工学院的基普·索恩 60 大寿而做的普及演讲。当然我们也承认，内容编排有点儿奇怪。三篇文章谈科学，一篇谈科学的普及，还有一篇谈科学与科学普及之间的差别。

这本内容复杂的书却是精心策划的产物。为重要的科学家做 60大寿是传统。基普不但是一位重要的科学家，对我们个人也是重要的。我们想利用这个机会做一件不同寻常的事情。但是他的谦逊却成了我们的障碍。于是，为了能让基普答应并参加做寿，我们故意瞒着他，等他听到嘎嘎叫时，鸭子已经烤熟了。5个名人答应来演讲；学院的活动中心Beckman礼堂也预备好了。基普发现这一切的时候，已经无法退缩了。

呈现在这里的文章是根据那天在学院的几篇演讲稿改编的。请来的演讲者都是鼎鼎有名、硕果累累的，更能引来一大群人。我们没有别的选择，这也说明了基普在学术圈里的地位。所有接到邀请的人都答应了，他们无偿来做演讲，又同意无偿把演讲稿编进这本书。2000年6月3日星期六，那天的演讲也是免费的。本书的版税将捐给加州理工学院的一个以基普名字命名的奖学基金。

能把那么多人吸引到礼堂来的东西，对那些不能在那个时候到场的人来说，同样是有趣的。这本书也许缺少演讲者的音容，但是读者能更从容地咀嚼那些本来就不能狼吞虎咽的美味大餐。

在开头的一篇文章里，位于丹麦的北欧理论原子物理学研究所(NORDITA)天体物理中心主任诺维柯夫给我们讲的是时间旅行——即使对那些看好黑洞的科学家来说，这个题目也是陌生而奇妙的。作者带我们走进那个题目，通过简单的解释和简单的力学模型，教我们如何避免回到过去所产生的怪圈。即使没有怪圈，时间旅行也是不可能的——这是霍金的结论，他是剑桥大学卢卡斯数学教授，也是世界上最有名的科学家。他为我们讲了"怎么不可能"。我们知道，这个问题要求走近物理学认识的边缘，而它的答案还在更远的地方。基普在文章里想通过时间旅行走向未来。（其实我们都在做这样的旅行，不过基普肩负探索的使命走到了前头。）引力波天文学可能在不远的将来成为现实，基普和我们分享了他对那些即将产生的激动人心的发现的热情和憧憬。

最后两篇文章跟其他几篇科学描写多少有些不同。一篇来自著名科普作家和记者费里斯，他通过《红限》《宇宙报告》和《银河时代》等书，为解释宇宙学和天文学确立并提高了标准。他向我们讲述了解释科学的需要和困难，还展示了一个融合了科学和艺术的剧本片段。阿兰·莱特曼当然生活在科学和艺术两个天地里。他从洋溢着创作激情的一流物理学家，成为充满了物理学热爱的一流作家。对那些非物理学领域或者MIT写作计划之外的人来说，阿兰最为人所知的也许是他1993年的畅销书《爱因斯坦的梦》。经历过那么多科学和艺术的不同创造，他当然最有资格来把科学与艺术进行比较。

除了改编五篇演讲稿，犹他州立大学物理系的理论物理学家普莱斯还写了一个引言，简单介绍了有关时空物理学的思想和那些思想的历史。这个引言为费里斯、霍金、莱特曼、诺维柯夫和索恩表现他们的科学提供了舞台。

致谢

本书的产生要归功于2000年6月初在加州理工学院举行的基普生日庆祝会，所以要感谢对大会有过帮助的人们。我们7个是组织者，但提供过帮助的人还有很多，我们要在这里特别感谢他们。

这本书和这个庆祝会，假如没有加州理工学院行政部门在经费和后勤方面的支持，是不可能成功的。我们特别感谢学院院长David Baltimore和物理、数学与天文学系主任Thomas Tombrello，还要感谢学院副教务长David Goodstein主持了演讲大会。

除了学院的财政支持以外，大会还收到李立（David Lee）和他的环球光纤电缆公司（Global Crossing）的必要资助。谢谢李立。

还有很多人以不同的方式帮助过我们：Beckman礼堂的工作人员、学院公关部、学院"雅典娜神庙"俱乐部[1]、Lynda Williams（"物理

---

1. 这是学院在1930年开放的一个私人会员俱乐部，如今有3 500多个会员。——译者

学的女歌手 ")[1]，以及所有漂洋过海和穿越校园来参加会议的人们，谢谢你们！

Eanna Flanagan Clifford Will

Sandor Kovacs Leslie Will

Richard Price Elizabeth Wood

Bernard Schutz

1. Lynda Williams 曾经是学物理的，后来成了有名的歌手，她用大众喜闻乐见的形式传播物理学的美妙和奇迹。Thc Physics Chanteuse 既是她的美称，也指她和物理学家在会议期间为科学家共同表演的歌舞节目。《洛杉矶时报》评论说，"每个科学家都梦想用自然的美妙和奇迹来打动人，但几乎没有谁能像琳达 —— 物理学的歌手 —— 走到哪儿就唱到哪儿。" —— 译者

目录

引言 时空欢迎你 R．普莱斯

时空里的意外

13 真的好笑，等了那么长的时间你才提出某个顶重要的问题，哪怕是关于你自己的生命的问题。也许你在等着发生什么事情，它激励向前，也令人回首。这样的事情发生了，那是基普·S.索恩的60岁生日庆祝会。基普(他不喜欢更多的无聊的头衔)是我们国家最有名的时空物理学的理论家之一，也是他那奇异科学的伟大普及者。他还是一个人品和学问一样独特的人；一个影响过许多追随者生活的人。为一个重要的科学家举行60岁生日的纪念会，大概是物理学的一个传统，不过在2000年6月的加州理工学院，显然还有着更复杂的意味。参加这样一个庆祝会，既是敬意的表白，也是爱的流露。

  从20世纪60年代中期至今，基普科学生涯里的物理学家，都怀着责任和心愿走到一起来了。于是，在6月2日和3日课间休息的时
14 候，学时空物理的同学走过加州理工学院的拉莫礼堂，都会看见一个当代的活的科学博物馆。出现在这个博物馆里的，有相逢一笑的旧日冤家，有新婚燕尔的青年学者，还有过去的学生和老师，随着岁月的流逝，现在他们都平等而轻松地站在一起了。聚会恰逢新千年来临，

这也许能给敏感的人留下深刻的印象，但和这个相比，还有更令人欣喜的兆头：一个全球的探测系统就要实现了，它将为我们描绘出引力波的图像 —— 那个在时空中振荡的波。

生日令人忆起昔日的时光。尽管在橡树林里，老朋友和老对手的聚会也产生了一种瑞典电影的单色怀旧的感觉。这个时候，该提出一些迟延了的问题，例如，什么驱动着聪明人（这里做了一个假定）耗费他们的生命来研究空间和时间的本性？

写这篇引言的时候，一个科学的特别是物理学的世纪正在结束。毕竟，被《时代》杂志（一个有讽刺意味的刊名）选来代表那个世纪的人物正是爱因斯坦。爱因斯坦从他那神奇的1905年开始，开创了一个令人难忘的世纪。在那一年里，他统计地证明了物质的原子性；还凭着为他赢得诺贝尔奖的光子打在金属表面的解释，推动了他从来不曾满意过的量子革命。但是，不论对科学家还是非科学家来说，与"爱因斯坦"这个名字相联系的，一定是他在1905年的第三个奇迹 —— 相对论，一个关于时间和空间结构的理论。

令爱因斯坦成为名人和英雄的，是那个相对论，而不是他的更实在、更"有用的"关于原子和光子的理论，这说明了什么呢？它也许说明一个事实：我们每天都跟时空打交道，而且认为自己认识了它。原子太小，光子太多，我们对那些东西没有什么强烈的感受。当别人告诉我们关于它们的新闻，我们就将它作为科学的有序进步而接受下 ^15 来。物质（基本上）由一个个不可分割的单元组成；光兼有波和粒子的本性。不是科学家的人，没有证据来反驳第一点，也不明白第二点是什么意思。但爱因斯坦在1905年也告诉我们，时间并不是对每个人都以相同的脚步滴答的普遍的时钟，乘高速火箭上天旅行的人跟他待在家里的孪生兄弟不会一样老。这一点能听懂，也很奇怪。唤起大众想象的正在于它是不可能的，然而它也是正确的。

我们总是在错误中迷失。错误教我们认识了自己。不但有我们未知的东西，也有我们知道然而可能出错的东西。

相对论，或者说时空物理学，连同它预言的黑洞和膨胀的宇宙，抓住了我们的心，因为它是日常生活的组成部分 —— 时间和空间 —— 在产生奇异，就像一个图书管理员穿着马来群岛的土著围裙，驾着一辆法拉利汽车，从我们身边驶过。我想，这解释了为什么非专业的作者能长久吸引大众的兴趣，也解释了为什么相对论对那些太没耐心却太过自信的人那么重要。每个相对论专家都有过那样的经历，每年总会收到一些新的相对性理论，这些东西来自在技术上倾向反传统的思想者，他们没有读"所有的书"，但知道爱因斯坦错在哪儿了。

至于"为什么"，我们这些基普的学生、同事和合作者，还不是很清楚它的答案。我们读过"所有的书"，研究过它们的细节。例如，我本人的研究主要打交道的是应用数学，也就是引导水利学和化学工程等现实工作的那个应用数学。那些研究也引向黑洞的碰撞，这本是一个奇迹，却很容易被忽略。同样的事情也发生在飞机上。当我们蜷缩在机舱的椅子上，抱怨鸡毛蒜皮的事情，一点儿也不惊讶我们已经离开了地球表面。但是，当我们有时在小山上看着巨大的喷气飞机无声地滑过城市的天空，我们会感到震惊。当我从计算中抬起头来，想着我正在努力揭开无所不容的宇宙区域的秘密，我也会有同样的心境。那是我日常工作的组成部分！(更奇怪的是，我还靠它来挣钱。)

　　本书的几篇文章说明了一个大题目的几个不同方面的小题目。霍金和诺维柯夫为我们讲时间旅行 —— 即使在习惯了黑洞的科学家中间，它也是一个打破传统的奇异话题。接着，索恩带我们到另一个不同的方向去看引力波，也就是时空的振荡 —— 在不远的将来，遍及全世界的实验就会探测到它，而基普预言了可能发现些什么。如果说时间旅行的思索关乎自然律不许做什么，那么索恩考虑的是技术可能实现的事情。其他文章出现的是全然不同的思索。莱特曼说明了写作与解决科学问题中的创造性活动的区别。一个科学奇迹如何能向那些没有专业背景的人传达呢？费里斯是这方面的行家，他在文章里给我们提出了他自己的一些答案。

　　这篇引言是把作者们的活动舞台展现出来。我只是最简单地勾勒物理学家所谓的时空研究是在做什么。别人来写这样一个题目的引论，一定比我写得好，所以我请读者不要期望太高。在这里，我不会去谈人与技术相互作用的那些方面，索恩在他最近的一本普及读物《黑洞与时间弯曲》里已经讲得很好了。[1] 我也不会像泰勒(Edwin F．Taylor)和惠勒(John Archibald Wheeler)在他们精彩的小书《时空物理学》中做的那样，用清晰的数学来完整解释那些基本思想。[2] 读者如果能从我的这篇引言生出兴趣，应该去读那几本好书。我在这里不过是抚摩

---

1. Kip S．Thorne，*Black Holes and Time Warps*：*Einstein's Outrageous Legacy*. W．W．Norton，New York，1994．（即《第一推动丛书》中的《黑洞与时间弯曲》。——译者）
2.Edwin F．Taylor and John Archibald Wheeler，*Spacetime Physics*. W．H．Freeman, San Francisco，1992．

一下皮毛，从皮毛上轻轻滑过。引言的主要目的是简短，它已经做到了。我希望不只做到这一点。我想，它确实为编辑在本书中的文章所讲述的思想增添了一些东西。

这些问题并不新鲜。对时间和空间本性的兴趣 —— 也许困惑 —— 跟人类思想一样古老。关于这个话题，经典的思想家们讲过很多。[1]有的想法现在看来奇怪而天真，有的至今还深入人心。(对我来说，芝诺似乎真的太老了。)我们这里的讨论仅限于现代思想，它们经过几千年的演化，在数学里找到了精确的表现形式。令人高兴和惊奇的是，这样的现代讨论对那些没有特别的数学和物理学背景的人来说也是容易理解的。主要的事情不过是同有限的几个关键名词打交道，它们都来自日常生活，只是在与时空联系时才有了特殊和精确的意义。从这个意义说，物理学跟其他事业没有多大的不同。假如你不知道"折叠"鸡蛋是什么意思，你就做不了蛋卷；假如你不知道什么是"事件"，你就不可能理解时空的几何。

不同的观测者

介绍特殊的名词不一定就抽象和费解。泰勒和惠勒的书就是一个极好的证明，它非常清晰地介绍了那些名词、思想和数学。我太喜欢它了，所以干脆从一开始就用那本书的一些图画(略有改动)。

如图1所示，一条小河直直地流淌在原野，一座小桥横跨小河，

1. Nick Huggett, *Space from Zeno to Einstein : Classic Readings with a Contemporary Commentary.* MIT Press, Cambridge, Mass., 1999.

一个人站在小桥的中央。我们的故事从这里说起。她面朝河的上游，想定量地描述那个古老教堂的铃铛（或者别的有趣的地方）的位置。有各式各样的办法可以做到这一点。她可以说，铃铛离她924米，在她左边30°的方向上。另外，她还可以看到，铃铛在她"前面"800米（河流上游的方向）、"左边"462米（意思是距离河的左岸462米）。两种（以至任何其他）描述方法的共同点在于，她必须确定两个数。因为这一点，我们说原野上的位置的集合是一个2维世界。在物理学中，[19]我们常说测量是"观测者"做的，而确定点的位置的方法是与那个观测者相联系的"参照系"。观测者确定的特殊数字（如800米和462米）叫作位置的"坐标"。

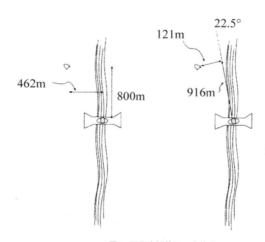

图1　不同坐标的同一个位置

这些特殊名词的存在和意义，恰好意味着还可以存在其他观测者和其他参照系。实际上，那正是相对论要讲的：关于不同参照系的测量（即坐标）之间的关系。更要紧的是，我们有其他的观测者，而我们那些观测者对测量有不同的意见。我们请第二个观测者站在小桥中央，紧靠着第一个观测者。他还是想定量描述那片原野，那个2维的位置世界；他也用"前面和左边"的办法。假如他也面向上游，就不会产生什么新的发现：他会同意第一个观测者的测量结果，不会提出建设性的不同意见。于是，我们要他面向不同的方向，朝着她的"前面"和"左边"之间1/4的方向，也就是面向上游偏左22.5°的方向。这样他就有了一个不同的参照系，而且离教堂铃铛的方向更近了。结果，他测量出不同的坐标：铃铛在前面916米、左边121米。

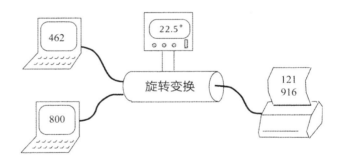

图2　画成机器的旋转变换公式

　　我们知道，事实上只有唯一一个铃铛处在那个唯一的地方，两个观测者只是在描述位置的数字（坐标）上产生了分歧。我们还知道，第一个观测者与第二个观测者所测量的数据之间一定存在某种联系。任何观测者的坐标之间的这种联系叫作"变换"，这是又一个特殊名词。它是某种相对性的数学表达，是一个观测者与另一个观测者所测量的坐标之间的联系。那个关系可以用中学数学里学过的公式表达出来。这些公式不难，但写出来会分散我们对它所代表的基本思想的注意。

所以我不写公式，而是像图2那样，把数学当作一台机器，它把第一个观测者的左边和前面的位置作为输入，然后把第二个观测者的测量数据作为结果输出来。当然，我们确定两个参照系的关系的方式，也可以作为机器的另一种输入。在眼下的情形，这意味着我们必须输入那个特定的"22.5°"。

图2的机器真的就是变换公式，中学数学老师把一组这样的公式称作一个"旋转变换"。这个机器确实也可以设计成一块很简单的计算机芯片，专门用来做旋转变换的简单计算。在我们生活的这个美好的年代，只要几分钱就能做出一台那样的机器。

我们的观测者所用的参照系有一个重要的特征。为看清这一点，我们考虑一种截然不同的结构识别方式：纳税登记号码(ID)。假定我们通过征收财产税的登记号码来识别城里的所有单位。这些号码是为了方便会计而以某种方式设置的。我们进一步假定设置ID号的系统发生了改变(例如，会计室买了一台新电脑)，新、旧ID号之间必须保持一定的关系，下面是那个关系表格的两项：

单位	旧ID	新ID
贝尔公司	50070	CX23-004
巴恩公司	34210a	BX48-213

这个表就是两个坐标系之间的关系，从某种意义说，也是一种变换。

直觉上看，这种变换似乎大不同于旋转变换，可真正的区别在哪儿呢？我们的直觉认为，纳税的ID号和它们之间的关系是任意的，它们的设置只是为了个别计算机的方便。我们可以随便用一个识别系统，也可以将它"变换"到任何新的识别系统。另一方面，桥上的观测者测量的前面与左边的距离却不是任意的。不过，是哪家机构、什么高级的权威部门不让他们任意测量呢？凭什么来保证旋转变换的正确呢？最后都落到这样一个事实：测定位置的框架具有一定的几何，关于平面的几何(通常叫"欧几里得几何")。平面上任意两个位置(如那两家公司)之间都有一定的距离。虽然描述位置的坐标(相对于前面和左边的数值)可以改变，位置之间的距离却是不可改变的事实。因为存在这样一个不随参照系的任意改变而改变的事实，建立在距离基础上的不同参照系中的坐标之间的关系就不可能"只是任意的东西"。

伽利略相对性

学会了足够的特殊名词，我们现在可以试着踏进时空的大门了。我们拿"位置"来说原野上的某个地方，同样，"事件"说的是时空里的"地方"。一个事件就是一定的地点和一定的时间。它既是空间的位置，也是时间的位置。显然，这样的事件的世界——被我们称作"时空"的世界——是4维的。它用3个坐标来确定一个事件发生在"什么地方"，用1个坐标来确定事件发生在"什么时候"。

为了更具体地明白这一点，我们需要看看两个观测者的分歧。于是，我们至少需要两个有着不同参照系的不同的观测者。一个观测者是站在田里的农妇，一列火车正慢慢从她身边开过；另一个观测者是坐在火车上的一名乘客。我们桥上的两个观测者发现他们所用的坐标不同，是因为他们面朝不同的方向，从而"前面"和"左边"的意思不同。现在我们感兴趣的是另一种关系，所以我们不再说"前面"和"左边"的分别，而让那个农妇和乘客面对同一个方向。为了产生差别，我们让火车以3m／s的速度向前行驶。

我们构想的这个场景有两点重要特征。一点是我们简化了活动，只让一个空间维发生作用。只有沿着铁轨方向的位置才有意义；垂直 ²³ 于铁轨方向的距离没有意义，因为所有事件都是沿着铁轨发生的。这样，我们省去了两个坐标。更重要的是，我们增加了一个坐标。我们在故事里引入了运动，也就开门让时间坐标进来了。

为简单起见，我们说乘客经过农妇那个时刻为 $t = 0$。在这个时刻，他们对看到的事情才会有一致的意见。对我们来说，重要的是见证他们对事件的不同意见。所以，我们在 $t = 2s$ 时制造一起有趣的事件。假设那时在农妇前面16m的地方，一只老鹰正在抓一只耗子。因为到 $t = 2s$ 时，乘客（以3m／s的速度运动）已经走过农妇6m了，所以老鹰抓耗子发生在乘客前面10m的地方。这个简单的情景画在图3。

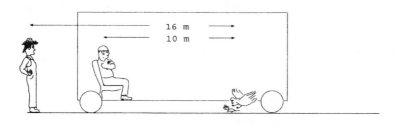

图3　两个不同参照系观测的同一个事件

农妇与火车形成两个不同的参照系，它们分别确定着事件的不同时间和位置的坐标。坐标之间的关系，当然还是变换，而这个变换叫作"伽利略变换",它为运动参照系所测量的坐标之间的关系,引出了一个普遍的思想,叫作"伽利略相对性"。

24　　在图4中,伽利略变换的数学(其实是两个非常简单的方程)画成了一个机器。农妇测量的时空位置被输入机器的终端,火车参照系里的位置是输出的结果。当然,机器应该根据两个参照系之间的正确关系来设定,它通过速度(火车经过农妇的速度)3m/s来实现。我们把速度加在机器的控制板上,关系就确定下来了。

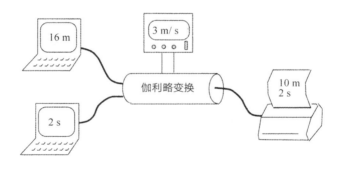

图4　相对运动着的两个参照系之间的伽利略变换

我们应该把这个变换同桥上的两个观测者测量的坐标之间的变换(图2)做一番比较。两个变换有大概相同的形式,但也有重要的差别。对桥上的观测者来说,前面和左边两个方向是完全混合的。第一个观测者的前和左决定了第二个观测者的前和左。在火车与农妇之间的变换中,只有部分的混合。农妇测量的距离坐标,决定于乘客测量的距离坐标和时间坐标,而农妇测量的时间却不受事件的距离坐标的影响。我们的变换机器确立的第二个公式只不过说明2秒等于2秒。

空间没有跟时间混在一起。

实际上，变换告诉我们的事情似乎是显然的，再明白不过了，似 [25] 乎根本不值得为它想象一个特殊的名词。其实，"伽利略变换"是一个现代表达方式，我们现在只是用它来区别时间和空间的显而易见的经典概念与爱因斯坦相对论中的绝非显而易见的概念。那些概念，连同美学和心理学，是科学革命发生的背景。在许多方面，它说明了明显的和不明显的事物的演化历程。

尽管伽利略相对性显而易见，它对牛顿物理学仍然十分重要。牛顿为世界制定了 $F = m \times a$ 的戒律：加速度与力成正比。所有的观测者(如农妇和乘客等)都看到相同的力源。例如，他们看到相同的弯弓，就相信作用在弓箭上的力也相同。弓弦松开时，他们一定会看到箭头经历相同的加速。假如不是那样，牛顿的戒律也许只能在某些参照系中成立，而不可能在所有参照系发生作用。但是，加速度度量的是空间位置如何随时间的变化而变化。两个不同参照系的加速度的比较，依赖于两个参照系之间的变换法则。事实证明，伽利略变换的结果是，加速度在所有参照系都是相同的。如果农妇和火车上的乘客在一系列时刻记下箭头的位置，他们确实能得到相同的弓弦给箭的加速度值。牛顿的神圣戒律真的在所有参照系都成立。

这令牛顿困惑！照他自己的哲学、心理学或美学的观点，他渴望的是那样一个物理宇宙，其中存在一个特殊的参照系 —— 也许就是农妇的参照系 —— 才是真正的物理的参照系。但在他的物理学中，没有理由相信存在那样一个"正确的"参照系。也许牛顿观点的根源 [26]

在于人类需要一个坚固的、绝对的、真实的框架。如果真是那样就有趣了：物理学家的哲学或心理学倾向竟会发生那么大的变化。以现代的眼光来看，不同参照系的平等才是牛顿力学引人入胜的特征。

麦克斯韦带来的危机

除了牛顿的一点不安以外，物理学世界在18世纪和19世纪似乎都运行良好。我们的认识不像溜冰者在冰上那样一路光滑地飞快向前。它起步的时候，像是撬开一个盖紧的瓶盖。瓶子密封越久，盖子盖得越紧。像以地球为中心的宇宙观，就是那么牢固，因为它已经存在了那么长的时间。在哥白尼天文学出现以前的若干世纪里，地球是否是宇宙的中心没有引发什么问题。如果有了麻烦，它可以在别处寻求补救。那时的天文学家构造了极其复杂的计算方法来预言和解释天体的运动。当行星运动的观测进步了，他们会发现原来简单的预言方法不够充分。于是借助一些数学结构（"本轮"）来改进预言，基本的理论又勉强可以工作了。这样的改进一直进行着，先是添加一些天文学观测，后来又在方法里添加许多更为笨拙的特征。

当我们回顾他们所做的事情，真不敢相信会是那样的。他们怎么会没有发现简单而优美的以太阳为中心的世界可以解释那一切呢？与其说他们错过了今天看来显而易见的东西，不如说他们被一步步地引向了错误的路线。路线起点指向合理的方向，走在这条路线上，很难发现还有别的路线。在科学中常有那样的关头，积聚的压力即将冲开紧闭的瓶盖，不过这些特别的关头需要特别的头脑。事实与误会都在面前。了解行星运动细节的人已经沉陷在以地球为中心的路线中。

这时候需要一个天才的人物（这肯定是一个恰当的名词）来区别哪些是牢固的事实，哪些是脆弱的信条。认识太阳系的紧要关头出现在16世纪的末叶，在那个时候出现在那个舞台的天才，是哥白尼。

在20世纪的开端出现了又一个紧要关头，应运而生的那个人是爱因斯坦。我们常常幻想回到从前，带着关键的事实或一点零星的认识 —— 现在普遍知道而过去不知道的东西。用来做电灯泡灯丝的恰当材料，像岛屿一样的遥远的星云，原子的核模型 —— 每一点这样的魔幻般的认识，在过去的每一个紧要的关头，都可以说是天才的产物。20世纪初所需要的那个"魔法"，是今天大多数物理专业的大学生都多少知道一些的简单认识。这点魔法在数学上很简单，可以简洁地表达出来，而它的根源却在另一个天才的工作中。

19世纪末，麦克斯韦（James Clerk Maxwell）在所谓"安培定律"的方程中，添加了一个失去的量，这样就把所有已知的关于电磁（电和磁）的事实联系起来了。对做数学的人来说，数学可以拥有美。麦克斯韦的理论不但解释了所有已知的电磁现象，而且做得那么美妙，今天依然是其他理论的楷模。

麦克斯韦理论有四个方程。这些方程处理电力和磁力，但也涉及了时间和空间。在其中的一个方程里，一个典型的项是空间某点的磁力乘以那一点的空间坐标。另一个典型的项则代表电磁力随时间变化的速率。麦克斯韦方程代表着这样一些项之间的关系：第一项加4π乘以第二项等于第三项，几乎同$a+b=c$一样简单。假定我们那位站在铁路边的农妇想计算某个麦克斯韦方程中的每一项，那么，她会以她的参照系里的某一点的空间坐标来乘以那一点的磁力；她会发现电力在她的时间的每一个百万分之一秒内有多大的变化，等等。然后，她看她计算的那些项是不是可以"加起来"，是不是能满足那个麦克斯韦方程。

假定她发现那些项的确可以加起来，对她来说麦克斯韦方程是正确的。现在我们感兴趣的是那位火车上的乘客。他认定的事件的坐标位置跟农妇的不同，所以麦克斯韦方程里的项的数值也会跟农妇计算的不同。那么我们一定要问一个关键的问题：乘客的麦克斯韦方程的项也能像农妇的那样"加起来"吗？项的改变能否相互抵消，从而麦克斯韦方程对两个观测者都一样成立？

答案是否定的。如果我们用伽利略相对性把这些项联系起来，麦克斯韦方程不能同时满足农妇和乘客。它们只能在某一个参照系中成立。牛顿的力和运动的理论能适用于任何参照系，麦克斯韦的电磁理论只能满足一个参照系。当19世纪结束的时候，牛顿在两个世纪前的怀疑又显得正确了。似乎真的存在一个特殊的物理学定律的参照系，也就是麦克斯韦方程成立的那个参照系。谁能反对我们需要这样一个物理学世界的正确的参照系呢？

那么，这个真正的参照系又是什么呢？寻找这个真正参照系的实验要求很高的精度，很难做。实验的追求已经是老生常谈了，故事的结局大家都知道。没有发现特殊的参照系。麦克斯韦理论对农妇和火车都成立。实验证明事实就是如此，但数学却说这是不可能的。所谓不可能，当然是基于联系农妇与火车的时间和空间坐标的某个特定方式。就是说，不可能的基础在于伽利略相对性。科学的侦探(尽管是虚构的)福尔摩斯曾告诉华生医生，面对一个案子时，我们必须去掉那些最不可能的情形，直至最后留下唯一一种可能；那种可能——不论看似多么不可能——必然就是需要的答案。可是，优先考虑哪种可能性却是主观的事情。对多数科学家而言，唯一可能的结论是修正麦克斯韦的优美理论。理论不得不被添加一些像本轮那样的东西。这样的修正是很拙劣的，而更糟的是，没有发现一个可行的修正，它们都与实验证据相矛盾。

爱因斯坦的革命

　　阿尔伯特·爱因斯坦，瑞士伯尔尼专利局的一个小职员，优先考虑的是别的可能。在他看来，伽利略相对性也许是不对的。在他看来，农妇与乘客的时间和位置的坐标也可能通过与伽利略相对性不同的其他方式发生联系。我们需要其他的坐标关系。有趣的是，那个新的关系早被荷兰物理学家洛伦兹(Hendrik Lorentz)找到了。那个关系现在被称作洛伦兹坐标变换，而不叫爱因斯坦变换。前面用伽利略变换 30

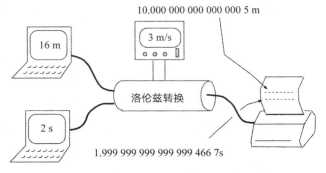

图5　相对运动的两个参照系之间的洛伦兹变换

描述过的事件，失去意义了，它的洛伦兹变换可以用图5来说明。

这里的数字与伽利略变换的结果(图4)之间的差别很小，不过这是因为变换的控制板设置在3 m／s。如果我们提高设置，区别会增大。这样，当火车以极高的速度经过农妇时，会产生根本的差别。洛伦兹变换以怎样的方式具体依赖于速度，是很奇妙的事情。假如我们把速度提高到非常接近300 000 km／s的某个数值，那么变换将做出异乎寻常的预言。实际上，我们不可能选择比300 000 km／s更大的速度。(那意味着在它的数学表达中会出现负数的平方根。)洛伦兹变换能把握的相对速度的这个上限，对变换是特别重要的，所以我们给它一个特殊的符号，把300 000 km／s记作c。(其实，它等于299 792.458 km／s，不过将它四舍五入了。[1])

洛伦兹相信，他的数学所描述的"时间"和"距离"不是真实的时间和距离，而是难免受电磁效应干扰的仪器所测量的时间和距离，如果农妇代表在物理世界绝对静止的参照系，则火车乘客一定是运动的。那么，根据洛伦兹的观点，乘客的测量仪器的材料将受电磁场的影响，从而产生时间和空间坐标的虚假读数。如果把那些假距离和假时间用于麦克斯韦方程，方程似乎还是成立的。于是，玩过这样一个花样，麦克斯韦方程看来总是成立的。我们现在回头来看这一点，很难不想到"本轮"，不过我们也别忘了，对距离和时间本性的错误认识是那么的明显，那盖子已经把瓶子密封得太久了。

31

---

1. 速度c通常被称作"光速"，这可能引起误会，所以我不那么说。把c叫光速，往往令人以为光的传播多少会影响相对论效应，但实际上光的传播与那些效应毫无关系。光(真空中的)确实以那个速度运动，但那是c在时空结构中的作用的结果。即使没有电磁现象，也会存在c。(实际上，为了理论的需要，光速的那个数值也是"定义的"，而不是测量的。——译者)

　　爱因斯坦揭开了那个瓶盖儿。他告诉世界，洛伦兹变换所描述的不是被干扰了的测量，而是真正的时间和距离。它不是电磁理论所特有的东西，而是关于物理世界本性的基本东西。洛伦兹变换，爱因斯坦用以取代伽利略相对性的变换，也是一组简单的方程。方程是普通中学数学的水平，没有比平方根更复杂的东西。因为这一点，爱因斯坦的魔法似乎与从前的概念革命有着不同的滋味。从某种意义说，它太容易了，一点儿也不复杂。哥白尼曾不得不用多年的时间来做太阳观测，牛顿不得不发明微积分来说明他的运动定律的应用。爱因斯坦不过是指出了一组简单的方程，然后告诉大家用另一种方式来思考它们。

　　爱因斯坦的天才，正表现在这样一个概念的大飞跃，而不在于它的内容有多复杂。别的概念飞跃需要世界观的革命，例如让太阳取代 [32] 地球在太阳系的中心地位。但在那些变革中，我们只是在取代已经熟悉的知识。爱因斯坦的革命要我们抛弃被我们的眼睛、大脑和心灵认定为正确的那些东西。

时空图

　　距离测量与时间测量的混合，多少有点儿像图1中的观测者把两个距离混合起来——混合"前面"和"左边"的距离，得出新的前面和左边的距离。前面和左边没有绝对的意义。如果你向右转一点，那么新的前方就在你刚才的前方里混合了一点"负"的左向。如果你完全转向右边（转过90°），那么两个方向就完全交换了。现在的左边是你刚才的前方，而现在的前方是你刚才的左边的负方向。

在某种意义上，两个参照系的事件之间的关系，就像一个参照系相对于另一个参照系发生了旋转。在新的参照系中，原来参照系的时间和距离发生混合，形成新的时间和距离，跟桥上的观测者转过一个角度一样。当然，这个类比不可能是完美的！毕竟，对桥上的观测者来说，前方与左边是同类的事物：都是距离。我们不过偶然根据我们的特殊朝向给了它们不同的名字。而在洛伦兹变换的时空里，时间和空间本来是不同的事物。实际上，两者的区别之一是，我们不能用洛伦兹变换将时间完全转变为空间，反过来也一样。

33　　这究竟是什么意思呢？可以用所谓的"时空图"来很好地说明它。那是关于事件在时空里的位置的一种地图。我们在图上标记事件的位置和时刻的数值。"位置"的坐标轴(即水平轴)以千米为单位，这当然是一个合理的距离单位。不过，对于"时间"(竖直)轴，我们添加了一点东西，虽然解释起来会复杂一些，但给图的应用带来了很大好处。我们也用千米来标记时间。为此，我们只需要将事件的时间坐标乘以 $c = 300\,000$ km/s。这样，假如事件的时间是1秒，我们就把那个时间记为 $300\,000$ 千米。说一个事件的时间坐标为1千米，就等于说它的时间坐标是 $1 / 300\,000$ 秒。

因为我们标记的是特殊的位置和时间坐标，我们必须用特殊的参照系。一个时空图总是相应于一个特殊的参照系；不同参照系中的事件的位置需要不同的时空图。

我们来看一个具体的例子，跟前面农妇与火车的情形差不多。假定图6的时空图对应于农妇的参照系。为了增加趣味，我们用在平行轨道上飞奔的两列火车来取代那列缓慢行驶的火车。假定一列火车鸣笛为事件 B，另一列火车鸣笛为事件 C。巧极了，两列火车的汽笛竟然同时响了起来，农妇发现那时间是 3 千米，也就是 1 / 100 000 秒。事件 A 指两列火车正好在农妇站立的地方，她说那地方是 "0 千米"。简单的计算告诉我们，事件 B 发生在以 100 000 km / s 的速度运动的火车上。事件 C 所在的另一列火车在相同的时间里多前进了 50％，所以 [34] 它的速度为 150 000 km / s。

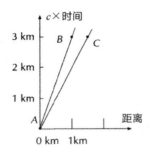

图6　农妇参照系的时空图

在图6中，一条直线联结着事件 A 和 B。直线上的每一点都能代表发生在那列较慢的火车上的一个事件。在某种意义上，它是那列火车本身的所有事件的点的集合。火车的经历叫作它的 "世界线"。较快的那列火车有着另一条世界线 AC，更多地倾向于水平方向。向水平方向倾斜越多，说明 "在给定时间内覆盖了更多的空间"。这是对 "更快" 的一种过分的说法。世界线能倾斜多少呢？假定它倾斜 45°，这意味着每一千米的时间（即 1 / 300 000 秒）经过 1 千米的距离。换句话说，它的运动速度是 300 000 km / s，它在以速度 c 运动！所以世界线最多能倾斜 45°。如果比 c 更快，就违背了物理学定律，所以倾斜超过45°的世界线在物理上是非法的。这就是我们在时空图里用"时间的千米"换来的一个漂亮而直观的结果。

当然，图6的时空图不是任何意义的绝对真理。它不过是农妇的参照系所表达的事实。图7说明了事件在用慢火车参照系画的时空图中该是什么样子。在这个参照系中，我们不会奇怪火车停在同一个地方，在参照系的"0千米"的位置。事件A和B都发生在那个位置，不过发生的时间（当然）是不同的。事件B发生在事件A之后2.83千米（即0.000 009 43秒）的时间。这比农妇参照系里1/100 000秒的时间间隔稍微短一点，这不过是一个老的事实：事件之间的时间间隔在不同的参照系是不同的。图中还画了事件C的坐标。这些坐标（跟B的坐标一样）是用洛伦兹变换（"时空中的旋转"）来计算的。

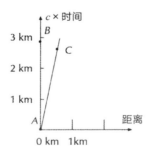

图7 慢火车参照系的时空图

理解时间和空间混合的关键，可以通过图6和图7的比较来把握。在图7中，直线AB（即从A到B）是纯时间方向，没有空间分量。在图6中，AB是倾斜的，有空间分量。如果转到运动的参照系（一个相对于另一个运动），我们可以让时空图中的那些垂直方向向左或向右倾斜一定的角度，也只能倾斜一定的角度。倾斜有一定的极限。假如一条直线基本处在时间方向(即更多地靠近垂直方向)，那么我们永远也找不到一个参照系能使那条直线基本处在空间方向(即更多地靠近水平 [36] 方向)。时间方向可以倾斜，但不能倾斜为空间方向。

我们同样发现，空间方向也不可能倾斜成为时间方向。看图6中从事件B到C的方向。因为这两个事件是同时发生的(在农妇的参照系中)，所以从B到C的方向是纯粹的空间方向，是水平的。在图7中，事件B和C之间的直线不再是水平的。现在这两个事件存在着时间差，不过直线还是更多地倾向于水平。假如某方向在一个时空图中基本是空间的，那么它在所有的时空图中仍然基本是空间的。

要把这些事实画出来，最简单的办法是记住，时空图中的45°线是时间和空间旋转的绝对界限。

时间机器

我们都在时间中旅行。我们一直向前，不费气力，大概也别无选择。然而，"时间旅行"这个词牵涉的意思却是，偏离寻常的道路，回到时间的过去。琢磨刚才提出的几个词，我们能用更有意思的方式来描述这一点。假定你出现在某个事件E，你能在更早一点儿的时间回到同样的空间位置吗？这种可能性听起来当然很奇妙。你能回去，而且能在你说那句傻话之前用胶布把你的嘴封起来。你可以阻止自己向一年前还红火的那家高新技术公司投资。在这里，我们不想纠缠这个神奇结果引发的逻辑一致性的问题，它们是诺维柯夫那篇文章的中心话题。我们现在只考虑一件事情：根据我们的名词来建立基本的概念。

37 我们这个引言讨论的东西只是时间旅行的一种可能机制——也许是最简单的机制，至少描述起来是最简单的。诺维柯夫将描述一种相关然而不同的利用强引力场的机制。霍金还要提出另一种涉及宇宙弦的机制。

我们从一开始就能认识，所有机制都具有一个基本特征。假如你能在事件 E 发生之前几分钟回到它发生的地方，那么等几分钟之后，你就能回到 E。你可以两次遭遇同一个事件。这有点儿像从地球赤道的一点出发，一直向正东走，最后只能又回到起点：你的路线是封闭的。从事件 E 回到事件 E 的时间旅行同样是时空里的闭合路线，时空物理学家称它为"闭合类时路径或曲线"。为什么说"类时"呢？因为在那条路线运动，你总是在时间里前进。你的表总显示着不停增长的时间——如果表是数字的，它的数值越来越大；如果是机械的，它的指针总是顺时针地转动。在你的身体中，少量的放射性原子核在衰变，辐射的碎片不会沿相反的过程重新聚集；你的心脏像往常一样跳动，血液不会"反着时间"倒流。可惜，你越来越老了，不再年轻了。在时空里重回(如果这个词是对的)事件 E 的，正是那年老的你自己。

在闭合的类时曲线旅行需要什么东西呢？一种简单机制的基本思想已经包含在图6中了。为简单起见，我们在这里把那个图重新画出来(图8)，只留下事件 B 和 C。事件 B 和 C 在同一个时刻发生(在农妇的参照系中，这个时空图也是她画的)，但事件 C 在事件 B 右边 1/2 千米的地方。现在假定(只是假定)有一条秘密隧道，在空间开出一条

38 捷径，从事件 B 的位置通向事件 C 的位置。再假定，沿着铁轨，在1千

米路标的地方(事件B的位置)，有一个像井一样的洞口。我们还假定，当你跳进洞口时，会立刻发现自己出现在铁轨的1.5千米路标的地方(事件C的位置)。

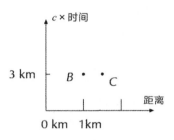

图8　在一个参照系中同时发生的两个事件

我们多少能感觉这样的捷径意味着什么。把握这种捷径很可能比把握我们马上遇到的时空几何更容易。至少，我们在这里只需要面对空间而不是时空的一条路径，而空间我们多少总能画出来。

来看一张平整的纸。我们可以让它无限展开，但我们只能想象和画出它有限的部分。在图9的左边，我们在纸上标记了两个黑点B和C。两点间的距离(也就是最短的路线)为1米。下面我们假定像右图那样把纸卷起来，而且假定有一条从B到C的小隧道(一座小桥或一个虫洞)。除了可能生出一个虫洞，我们卷纸的时候并没有带来什么重要改变。特别是，在纸上测量的所有距离(例如，用铅笔画在上面的任何线条的长度)，卷曲的时候都保持不变，所以纸的几何也不变。但虫洞却为我们在B和C间开出一条捷径，我们可以根据我们的意愿 39 把那虫洞的捷径做得很短。这就是我们希望在铁轨的1千米和1.5千米路标之间出现的虫洞。当然，这个卷纸的模型并不完美。纸是2维的曲面，而我们感兴趣的是农妇和火车的那个3维世界的空间中两点之间的虫洞。（我们的时空图只有一个空间维，但是沿着铁轨的两点间的虫洞必须在3维空间才能存在。）

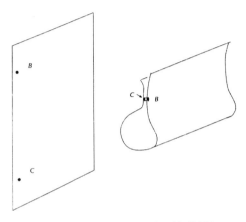

图9 平面几何中两点间的虫洞

直到最近，时空科学家才开始认真考虑那些联结不同空间位置的虫洞。20世纪80年代中期，基普·索恩对如何用虫洞来构造时间机器发生了兴趣，接着我们看到很多时空物理学家指手画脚地争论虫洞的洞口。所有这些都是从萨根（Carl Sagan）的一本科幻小说开始的，具体的情况请看基普的《黑洞与时间弯曲》。

可是，这些空间虫洞如何引导时间旅行（或者更严格地说，如何产生闭合类时曲线）呢？为明白这一点，假定某个时空探索者目睹了事件B，而且飞快穿过B和C之间的空间虫洞来到事件C。在事件C，她正好发现一列火车以100 000 km/s的速度从身旁经过。有趣的是从那列火车的参照系来看事件B和C的情况。我们已经画了那个时空图，如

图7；现在把相关的部分重新画在下面的图10。

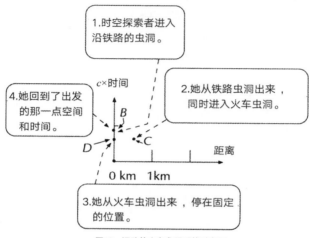

1.时空探索者进入沿铁路的虫洞。

2.她从铁路虫洞出来，同时进入火车虫洞。

4.她回到了出发的那一点空间和时间。

$c \times$时间

3.她从火车虫洞出来，停在固定的位置。

距离

0 km　1km

图10　运动的火车参照系的时空图

这时候，我们的时空探索者已经从B来到C。现在，我们必须继续假定火车很长，而且也带着一个空间虫洞。我们的运气真好，当那位探索者从铁路虫洞钻出来时，火车虫洞的一端（一个"洞口"）恰好在1.5千米路标的地方（事件C）。她立刻紧紧抓住火车，跳进正好在她面前的火车虫洞的洞口。所有活动都发生在事件C的地方。还有更幸运的呢：另一个洞口恰好在火车的0千米路标的地方。探索者从[41]那个洞口出来——她穿过那个短的虫洞，从一个洞口到另一个洞口，几乎不需要时间。在图10中，她从0点洞口出来的事件记作D。注意事件C和D在图中处于相同的垂直位置。这不过是以图像表达了这样一个事实：进入和走出火车虫洞所经过的时间是可以忽略的，因而进入和出来的时间几乎是相同的（在火车的参照系中）；当然，图10也只是描述了在那个参照系看到的事件。

现在，她经过了$B{\rightarrow}C{\rightarrow}D$的路线。我们当然可以想象，在这段时间里，她的头在转，而脚却牢牢固定在火车上面。在火车参照系里，她一直待在同一个位置，但不在同一个时间。不必在空间活动，她就能在图10中从事件D"走"到事件B。她走完了一条闭合的类时曲线，回到了B点——她在空间和时间的起点。

"环绕时空"的旅行一共需要两样东西：首先需要在时空里改变方向。这是洛伦兹变换的直接结果，很少有物理学家提出过疑问。其次需要空间虫洞，这一点是许多物理学家都怀疑的。问题还没有答案，不过物理学定律似乎不允许有空间虫洞，而且更一般地说，不允许有时间机器。量子力学效应将(可能)破坏任何萌芽中的虫洞，霍金在他的文章里描述了那是怎么回事。

为什么时空有几何

尽管时空图、事件图和2维平面图明显存在着细节上的区别，但它们也有一些迷人的相似。这里存在两个问题：①它们真的是同类事物吗？②"同类事物"是什么意思？

旋转的数学(旋转变换方程)说明了平面存在几何的事实。有一个不容破坏的有序的距离关系，任何描述距离的方法都必须与那个基本的几何实在相容。旋转数学不过是我们必然遭遇的冰山的一角，几何才是那巨大而实在的冰山。

那么洛伦兹变换呢？它下面也藏着冰山吗？洛伦兹变换也许只

是事件背后的几何所决定的一种关系的描述。这一点还没有答案，因为数学背后的实在性没有明确的意义。就算我们有了旋转的数学，知道它准确描述了不同参照系(桥上的不同观测者)所进行的测量之间的关系，形而上学家也可能会板着脸说，几何的存在不过是帮助我们记忆旋转数学的一种精神构造。没有必要把几何当成真实的东西。

多数物理学家都没有耐心去争论。在平面几何的情形，"假装说"几何不是真实的，就像一个毫无意义的游戏。但是，为几何的实在性辩护的，并不全在于像"我知道我看见的东西"那样的说法，而更多地在于，几何存在的观念是非常有用的。它不但帮我们记忆旋转的数学，还帮我们把握那些数学，发现新的关系。如果说几何不是真实的，那么，它的巨大作用也使它成为真实的了。

当爱因斯坦第一次提出洛伦兹变换描写了不同参照系下事件的坐标之间的关系时，他没有特指任何几何。在1905年建立相对论的原 [43] 始论文中，爱因斯坦是把洛伦兹变换作为唯一的实在而提出的。后来，闵可夫斯基(Hermann Minkowski)才向他指出这些变换可以作为一个基础的几何的表达形式，那就是我们现在所说的"事件时空的闵可夫斯基几何"。闵可夫斯基的几何基于他定义了一种新的分隔事件的距离，一个结合了时间与空间的距离。在不同的参照系中，两个事件可能有不同的时间间隔，也可能有不同的空间距离，但它们的闵可夫斯基距离是相同的。

起初，闵可夫斯基几何似乎不过是一个有趣的结构，但那结构很快就发挥了作用，"不过是一个结构"的观点也烟消云散了。今天，我们普遍认为爱因斯坦的相对论是关于具有闵可夫斯基几何的事件时空的描述，而洛伦兹变换只是那个时空几何里的一种旋转。

为什么时空几何"弯曲"了

闵可夫斯基引进时空几何的思想，是一件重要的事情，原因之一是，它让爱因斯坦用弯曲的时空几何来描述引力。"弯曲时空"这个词令人感觉神秘，人们常常躲它远远的。然而，至少从某种意义说，引力弯曲了时空的说法，不但能够理解，而且非常迷人。真正令我们"绝望"的，只是不能像画2维空间曲面那样把弯曲的时空形象而清晰地画出来。不要指望时空理论家中能产生什么真能画4维弯曲时空的大师。我们画不了。(我想我在这儿说的不仅是我自己。)说到底，那可是时空啊! 而且还是4维的! 我们是要画图的，不过只是示意性的，通常是一些比喻，有时还可能引起误会。画不出弯曲的时空，耽误了我们对它的理解，但不会限制我们的认识。我们还有数学，而且还有语言。

时空思想首先考虑的是世界线，即代表物体在时间中向前运动的事件的曲线。图6和图7是不同参照系的两列火车的世界线。两条世界线的倾角(偏离垂直方向的角度)相同。这意味着它们在单位时间里改变的距离总是相同的：它们是常速度的世界线。如果在力的作用下，物体就不会以常速度运动。假定在图11的时空区域里存在着强大的电力的作用，为明确起见，我们可以说那电力是隐藏在图右边的某个地方的大量正电荷引起的。

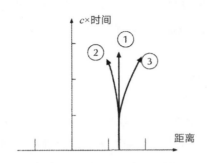

图11　电力作用下的一个时空区域里的粒子世界线

　　带电体在图11的区域里会因为电力的影响而加速（即改变速度）。速度的改变（加速）在这个时空图里表现为世界线的倾向的改变。图中[45]世界线1是直线，说明物体没有变化，从而也没有加速。（它不仅是直线，还是垂直的，意味着物体不仅没有加速，而且还一直停留在参照系的同一个地方。）世界线2的形态告诉我们，它代表的粒子一定带着正电荷，因为它在加速离开隐藏在右边发生作用的正电荷。同样，世界线3一定说明了一个负电荷粒子的事件。仔细看看，我们可以发现世界线3比世界线2偏转更大，它的粒子经历着更大的加速。世界线2和世界线3可能分别代表质子和电子。它们有大小相同、符号相反的电荷；电子质量比质子小得多，因而它的世界线3的偏转也严重得多。

　　图11说明的关键一点是，每一条世界线都能告诉我们一些它所代表的粒子的物理性质。现在我们拿它来跟引力作用下的世界线做比较。假定图12的时空区域存在某个隐藏在图右边的巨大物体的引力作用。[46]世界线1，2和3分别代表一只保龄球、一张薄纱和一个"魔子"。没有空气阻力的时候，保龄球和薄纱在重力作用下的加速度是完全相同

的；它们以相同的速度落下来。这里所谓的"魔子"，我指的是"绝对的任何东西"，不管它是什么，也会以跟球和纱相同的速度下落。

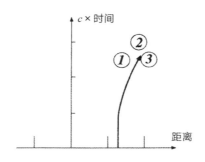

图12 引力作用下的时空区域里的粒子世界线

图12的意义在于，偏转的世界线说明了引力在这个时空区域发生影响的一切事情；同样的世界线也描写了引力对任何物体的影响。爱因斯坦的那个合理观点是，世界线形态本身——而不是什么"力"——才是引力的恰当描述。在爱因斯坦的图景里，仅受引力作用的物体只沿着特殊的世界线运动。这些世界线的细节包含着引力作用的细节。

时空里的那些特殊世界线是什么呢？在没有引力的时空区域（即闵可夫斯基的时空区域），不受其他作用的物体总是以不变的速度在固定方向上运动。它们的世界线是直线。这样，我们有了特殊世界线的一个例子，它也启发我们猜想我们需要明白的一般情形。结果证明，直线并不是任何一个几何都存在的。假如我们想构造具有一切直线性质的曲线，通常是要失败的。考虑一个寻常的例子（也是一个很好的例子）：理想球形的地球表面。我们能画出两条像平行直线那样处处等距离间隔的曲线吗？假如我们在任何方向通过任何一点都能画出

一条直线，我们就说自己处在"平直"的空间(或时空)。除此而外的
任何情形，都定义为弯曲的。

　　在弯曲的空间或时空，直线的概念有了简单的推广：它是我们能
画出的最可能直的曲线。这样的曲线有一个奇特的名字："测地线"。[47]
如果我们看弯曲几何的一个微小局部，会发现它几乎是平直的。如果
经过那个小区域画一条测地线，测地线几乎是直线。

　　因为引力具有我们熟悉的那些性质，它影响的物体的世界线不可
能是真正的直线。看一个简单例子：在环绕地球的轨道上，两颗卫星
几乎要碰撞了，过几圈之后又差点儿碰撞。这意味着两颗卫星的世界
线会(或几乎会)在空间的两个地方相交。直线不可能这样。必然的结
论是：只有弯曲的时空才可能表现出我们熟悉的引力效应。

　　测地线那样的特殊曲线的数学尽管不那么寻常，但也不可怕。一
旦几何确定了 —— 就是说，一旦空间或时空的两点间的距离公式确
定了 —— 寻找测地线也相对容易多了。在大多数关于爱因斯坦理论
的课程中(一般是研究生水平的)，特殊曲线的数学出现很早。到后来
才出现理论的艰难部分：时空组成(如恒星、行星等)决定时空几何的
方式。幸运的是，跳过这一部分也不会失去太多的理论精华。我们只
需要指出确有决定时空几何的数学方法。

引力波

　　即使不知道物质以什么具体的方式弯曲了时空几何，我们也知道

物质－弯曲关系应该具有的一些特征。变化的物质分布一定产生变化
48　的弯曲。图13是一对双星(相互密切环绕的两颗大质量星体)的世界
线的示意图。我们看到，随着时间的流逝(就是说，世界线在图中向
上延伸)，两颗星会改变相互环绕的位置，引力"源"也跟着改变。这
意味着双星附近的时空几何也要改变。假定有一艘太空船(某个假想
的"弯曲探索者")正好和双星一样处在星系的那个角落，因而也一样
处在时空弯曲变化的区域，这意味着什么呢？"曲率宇航员"能发觉
那些变化的什么迹象呢？

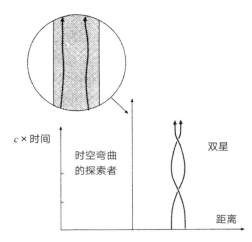

图13　双星的引力波

　　宇航员什么迹象也发觉不了。当飞船在弯曲时空的轨道上运行时，
宇航员不会感觉它前后摇晃。原因在于这样一个问题："它相对于什
么前后摇晃？"还有一个问题，飞船在什么"固定的"参照系发生摇
晃？　如果飞船没有点燃校正喷气，没有遭遇小陨星的撞击，那么影响
它的就只有引力。它沿着最可能的直线(测地线)运动。在一定意义上，
49　它就像热气球乘风那样"乘着"时空运行。热气球的乘客能看见自己

飞过大地，但是，对宇航员来说，没有什么不动的大地，只有弯曲的时空。

宇航员为什么不能觉察飞船的摇晃，也反过来说明了他们能看见什么。他们只有通过比较才能发觉事物的运动。假定他们留意着飞船内(或外)的两样小东西，小心翼翼地把它们隐蔽起来，不受引力之外的其他任何影响(无处不在的引力是不可能躲避的)。这样，宇航员在原则上可以测量两个物体间摆动的距离。他们这时在时空观察的东西，相当于我们寻常看到的波动表面上两条最可能直线之间的距离的波动。

在具体的理论中，双星产生的效应与振荡电荷产生的效应有着许多相似的地方。电荷产生变化的电磁作用，表现出确定的"波动"性质。特别是，振荡产生的电磁波的强度以非常特殊而简单的方式，随振荡电荷距离的增大而减小。如果离开电荷的距离增大一倍，那么我们测量的振荡强度将是原来的一半。第二个重要性质是，振荡的波以速度c传播。双星或任何其他变化的引力源产生的时空振荡，也具有这两个性质，所以被称为引力波。

视界和黑洞

现在我们来考虑非常强大的引力场和非常强烈的时空弯曲区域。[50]不过，从没有引力的闵可夫斯基时空说起，问题会更加清楚。图14是一个闵可夫斯基时空图，照通常的约定，倾斜45°的世界线在以速度c运动。图中的那些世界线不是为了说明仅仅在引力作用下运动。由于闵可夫斯基时空的特殊曲线(测地线)是直线，图中的世界线一定代

表着其他力的作用。例如，我们可以设想，使世界线发生弯曲的力是
火箭发动机的推力，而世界线是火箭的世界线。

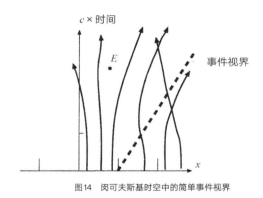

图14　闵可夫斯基时空中的简单事件视界

　　图14包含着另一样有趣的东西：一条倾斜45°的虚线。我们可以
认为这条线代表了在y, z方向（没有画出来）无限延伸、在x方向以速
度c运动的一面墙。这条虚线的意义在于，世界线只能从它的右边穿
过去，绝不可能从左边穿过来。这一点很清楚，因为世界线偏离垂直
方向的角度不可能超过45°。我们同样清楚，这是必然的，因为虚线
代表的"墙"在以速度c从左向右运动着。物体如果想从墙的左边穿
51　过，它必须跑得比c还快。因此，虚线是一个把时空分为两个区域的
单向壁垒。虚线左边的任何物体永远也不可能跑到右边来。

　　虚线还有一点更离奇的性质：它右边的物体永远不可能知道发生
在左边的任何事件。考虑左边的一个事件E，从它发出的任何信号（不
论明信片还是光信号）的世界线，都不可能穿过虚线到达右边的观测
者。由于这个原因，虚线被称为"事件的地平线"（或"视界"）。正如
航海人不能看见地平线外的船，视界右边的观测者也不可能"看见"

发生在左边的事情，不可能从它获得信息。

　　图15画了一个形式多少有些不同的事件视界。虚线圆圈代表一个球面的3个不同时刻，那个球面的半径以每秒300 000千米的速度增长。就是说，球面在以速度c向外膨胀。显然，这个膨胀球里面的任何东西都不可能穿过球面；球外的观测者也不会得到球内发生的任何事件的消息。于是，膨胀的球面也像图14的虚线那样，将时空分成两个区域。

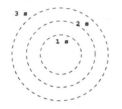

图15　闵可夫斯基时空中的膨胀球面视界

　　我们看到了两个事件视界的例子，但它们只是数学结构，没有告诉我们有关引力的东西。现在我们考虑一个强大的球形对称的引力场。在这样的引力场中，所有方向的引力都向着某个中心点，而且不随时间发生变化。在爱因斯坦的理论中，相应的时空叫"史瓦西时空"。[1]图16表现了一种新的时空图。这里，垂直轴和往常一样指时间，但水平轴指的是半径。

52

---

1. 史瓦西时空的名字来自Karl Schwarzschild，他在1916年发现这个时空是爱因斯坦方程的一个解。这里用的半径和时间坐标常被称为"史瓦西坐标"。

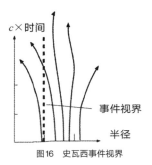

图16　史瓦西事件视界

这个时空图跟寻常的有一点很大的不同。这个图画的是强大引力场的时空区域，因此代表着弯曲的时空。在这样的区域，时间和距离不像在闵可夫斯基时空那样有明确的意义。这是一个困难然而重要的概念。符号" $c \times$ 时间"是标记时空事件的方便坐标，却不是时钟"滴答"的时间。[1]同样，"半径"也不是我们度量的距离，而只是一个方便的坐标。还需要说明它为什么方便：它能以普通的曲面面积公式给出正确的面积。这意味着在 r(坐标！)处的球面面积是 $4\pi r^2$，这是我们应该在中学学过的寻常结果。这个公式表达的内容却不同寻常，因为时空是弯曲的。然而对径向距离来说，就没有这样简单的公式了；得出正确面积的半径坐标 r 并没有正确度量径向的长度。

53　　　　于是，图16代表的是方便坐标下的时空区域。我们失去了以前时空图的特征：45°斜线代表速度为 c 的运动。这个图中的世界线是火箭的世界线：这些时空路线的物体并不仅仅受到引力的影响。这些世界线都有向左(半径更小)弯曲的倾向，因为引力在把它们拉向中

1. 传统使用的时间坐标之所以方便，是因为在这个时间的意义上引力场不随时间发生改变。直觉上说，这是令人讨厌的，因为直觉告诉我们，引力场可能随时间改变，也可能不改变。这种不可靠的直觉建立在一个难以动摇的观点上 —— 时间是绝对的，可以拿对任何人和任何事物都通用的时钟来测量。

心。也有的世界线略微向右弯曲，它们代表的物体，其火箭引擎的作用大于引力的作用。所有这些都是意料之中的事情。意料之外的是那条垂直的虚线。那是一个事件视界，世界线不可能从它的左边穿到右边，左边的事件也不可能把信号传达给右边的接收者。虚线代表一个球面，跟图15中的膨胀球面有着相同的视界性质，只不过这里的球面不在膨胀。毕竟，这里的视界处在不变的径向坐标，所以它的面积也是不变的。那么，"不在膨胀"还有别的意思吗？

视界内的区域，也就是外面的观测者"看不见"的区域，有一个再恰当不过的名字，叫"黑洞"。球状的黑洞被特别地称为"史瓦西黑洞"，它的边界叫"史瓦西事件视界"。爱因斯坦理论的最简单的数学解，恰好就具有黑洞的性质。另一个相对简单的黑洞解是"克尔黑洞"，有一个旋转轴，会旋转；而球状的史瓦西黑洞不旋转。克尔黑洞和史瓦西黑洞一样，事件视界的面积也是不变的。黑洞不一定不随时间而改变；界定黑洞的视界可以改变形状，也可以长大。但增长是有[54]极限的。假如视界无限扩张而没有了"外面"（如图15的情形），那么内部也就不是黑洞了。黑洞永远需要一个"外面"，而那外面永远不知道"里面"是什么。

一路平安

我们就要起锚去那有趣的思想海洋，现在是为那远航打点行装 —— 尽管这行装太轻了一点儿。这个开场白不过是未来旅行的一个袖珍指南，一张即将展现的新天地的简明地图，一本那里的人们所习用的词语的小字典。跟任何小指南一样，这里不会有令你激动的东西；你必须在接下来的旅行中去发现它们。

我们能改变过去吗？　　　Ｉ. 诺维柯夫

57 在这篇文章里，我将仔细讨论时间机器的诸多方面，尽管我知道，霍金在本书的另一篇文章里要说明时间机器在物理上多半是不可能的。我不考虑霍金的预言，有两个理由。第一，1895年，另一个杰出的物理学家开尔文勋爵（那时的皇家学会主席）曾经宣告，"比空气重的飞行机器是不可能的。"开尔文勋爵的宣言是以当时所能达到的最高物理学认识为基础的。不过，正如我们知道的，没过几年，怀特(Wright)兄弟就在1903年实现了第一次飞行。同样的道理，我们今天对时间机器的认识也许是不彻底的。第二个理由是，索恩曾多次指出，即使物理学定律不允许时间机器，我们为了认识它们而做的努力，也将通过强化我们对因果性的认识而带来很多帮助。[1]

58 那么，我们就来假定时间机器原则上是可能的，看它会产生什么结果。首先，时间机器可能是危险的。其实，假如有人能从我们现在回到过去，那他就可能改变过去。假如真是那样，他也会改变后来的一切历史。例如，在时间里回到宇宙起点的人，能改变那个时期的物

---

1. Kip S. Thorne, "Closed Timelike Curves", in *General Relativity and Gravitation 1992 : Proceeding of the 13th International Conference on General Relativity and Gravitation*, ed. R. J. Gleiser, C. N. Kozameh, and O. M. Moreschi (Institute of Physics Publishing, Bristol, England, 1993): 295–315.

理条件，结果也将改变整个宇宙的历史。跟这种可能比起来，氢弹的爆炸就算不得什么了。

中子星

真的有可能用一台时间机器来改变过去吗？我们可以把时间想象成一条河，带着所有的事件跟它一起，从过去流向未来，永不改变方向。在许多年里，人们相信时间不会减慢或加速。可是在20世纪开始的时候，爱因斯坦发现时间并不是不可改变的。强大的引力场 —— 例如中子星的强引力场 —— 减缓了时间的脚步。中子星表面附近强引力场下的时钟，比远处的时钟慢得多。距离中子星很远的观察者原则上可以看到那个时钟变慢了。

根据广义相对论(即引力的现代理论)，时空会在强引力场中发生弯曲。我们用图来说明。在图1a中，水平的空间和垂直的时间代表了 59

时空连续体。强引力场像图1b那样在表面产生缺口或窟窿。现在我们可以解释时间机器所依赖的关键思想了。想象两个不同缺口的顶端相互接触（图1c），结合成一段弯弯的隧道，像图1d那样。这条隧道的结果是，一段时间河流脱离主流，从隧道流过，然后在它进入隧道之前重新汇聚到主流（图1e）。在这条路上的人，将跟着穿过隧道的时间流，越变越老，直到重新出现在过去（也就是比他进入隧道的时间更早）的主流，如图1f。这样，他可以遇到从前的自己。霍金在他的文章里解释了，这样的时空结构可以作为爱因斯坦场方程的数学解而出现。当

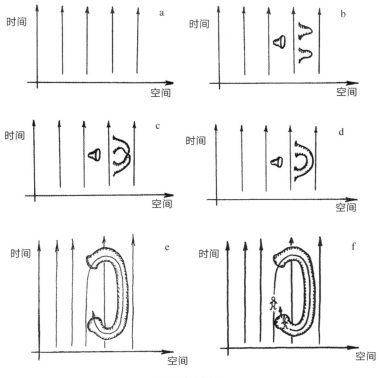

图1　时空的弯曲

多数科学家把这些解当作数学玩物扔掉时，索恩和他年轻的同事们最近又认真考察了它们。

　　本文讨论以下三个与时间机器相关的问题。第一，时间机器是怎么产生的？ 第二，真能用时间机器改变过去吗？ 第三，我们关于因[61]果性和自由意志的概念会遭遇什么问题？

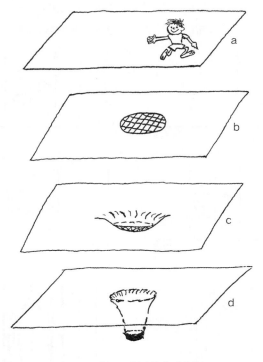

图 2　引力场中的"井"

　　第一个问题是如何制造时间机器。这个问题需要讨论弯曲的空间。因为很难想象或者描绘弯曲的3维空间，我们就拿2维的弯曲空间来做类比，上面还居住着2维小人儿，如图2a。考虑这个空间里的一颗2维恒星，它的引力场相当微弱。这颗恒星的引力场看起来就像图2b的一口浅浅的井。现在，我们来挤压恒星，让它收缩。在这个过程中，62 恒星的引力场会增强，结果那口井变深了，如图2c和图2d。

　　现在，我们假定有两口那样的井，两口井的底相互接触。这就产

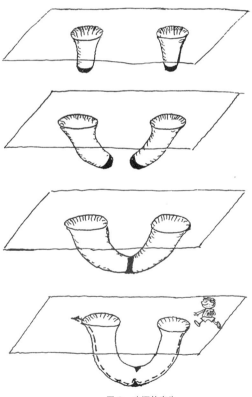

图3　虫洞的产生

生一种叫"虫洞"的结构，如
图3。虫洞开着两个口，通过
一条弧形的隧道相连。假定我
们能让这样的结构稳定下来，
使它处于静止(也就是不会变
化)或几乎静止的状态。那么，
一个2维的生命可以通过两条
道路从一个口走到另一个口：
通过"外面的"空间，或者通
过虫洞的隧道。从图3我们可
以看到，通过虫洞的路径比通
过外面空间的路径更长。不过
我们可以想象相反的情形也
可能出现。举例来说，假如谁
打通一条通过地心的隧道，那
么，从一个洞口走到另一个

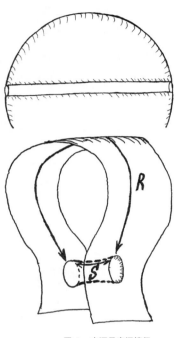

图 4　虫洞是空间捷径

洞口，地球表面的路径要比地心隧道的路径更长。类似情形也可能出
现在我们的弯曲空间的2维模型。2维空间可以像图4画的那样弯曲： 63
两个洞口之间的通道的距离比外面空间的距离更短。 64

　　在真正的3维空间里，我们可以想象类似的虫洞。等会儿我来解
释，这些虫洞怎么能像索恩说的那
样变成时间机器。不过，我不会讨
论它们可能面临的障碍，霍金将在
后面的文章里处理那个问题。

虫洞

洞口*A*　　　　　　　洞口*B*

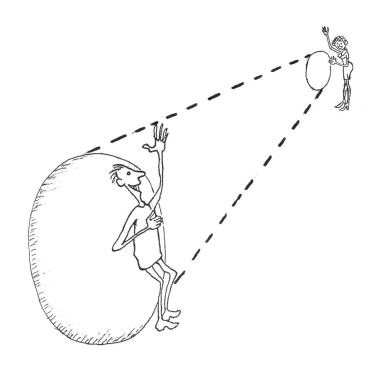

　　现在我们想象一个3维空间里的虫洞，它有两个洞口（A和B）和一条连接洞口的通道。当然，通道并不在通常的3维空间；我们倒是可以想象它在一个更高维的超空间里。我们还假定，两个洞口之间，通道的距离比外面空间的距离短得多。假如在洞口A处有个小伙子，在洞口B处有个姑娘。小伙子通过普通的空间望着姑娘，发现她太遥远了，数不清多少千米，甚至多少光年。可是，当他从虫洞望去，原则上可能发现她不过在几米远的

地方。这时候，虫洞起着"空间机器"的作用，因为小伙子可以通过它走到姑娘的身边。但它还不是时间机器。

现在来看怎么能将这样的虫洞变成时间机器。我们在两个洞口的附近放两个时钟，A钟在洞口A附近，B钟在洞口B附近，钟起初是 66 同步的。然后，我们将洞口B放在中子星的强大引力场中。我们记得，时间的脚步依赖于引力场的强度，接近中子星表面的时间流会慢下来。所以，洞口B附近的时间流也慢了。如果洞口A远离中子星，与B相距R，那么，洞口A和B的时间间隔之差将与R成正比。经过一定的时间之后，两个钟会有不同的读数。A钟可能差5分到12点，而B钟因为更慢，可能差20分才到12点。 67

虫洞外面的观测者很容易发现那个时间差。他可以从一个钟走到 68

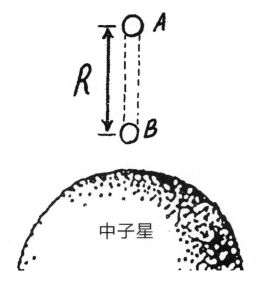

中子星

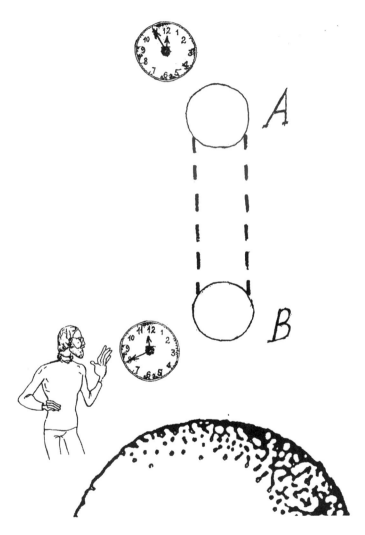

另一个钟，摸摸每个钟的表面，证实它们的确相差15分钟。

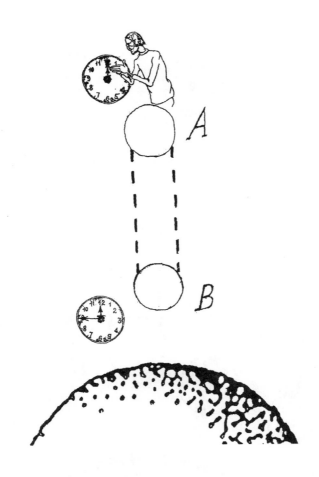

　　现在，我们假定那个观测者回来了，回到洞口 B 时，B 钟差 10 分到 12 点，A 钟 12 点过 5 分。如果观测者通过虫洞看 A 钟，他会看到什么？

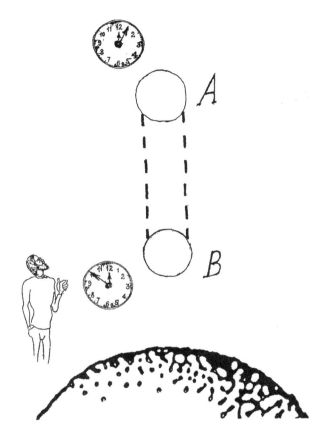

回想一下，同样的两个点，通过虫洞的距离比通过外面空间的
69 距离要短得多。因此，那个观测者发现另一个钟就在旁边，于是两个
钟实际上是紧挨着的，只有几米的距离。再想想，两个钟滴答的节律
70 之差正比于它们之间的距离。通过虫洞，那个距离几乎等于零，所以，
两个钟之间不存在节律的差别。通过虫洞的观测者都会发觉，它们同
声"滴答"，总是指着相同的时刻。于是，如果观测者通过虫洞望去，

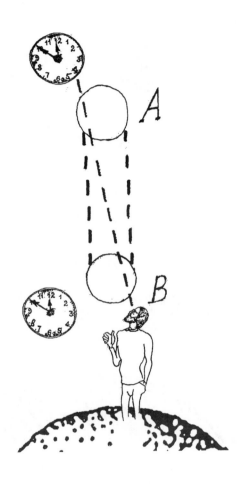

会发现 A 钟的时间跟 B 钟的一样，因为在整个实验中，两个钟都是同声"滴答"的。他会发现，两个钟的时间都差 10 分到 12 点。可是，这意味着观测者在通过虫洞看出去时，他看到了过去。因为：如果从虫洞外面的空间看，他会看到 A 钟已经 12 点过 5 分了；通过虫洞，他看到的是差 10 分到 12 点，所以看到了过去。

71

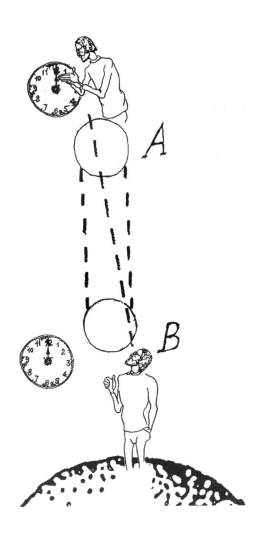

　　实际上，如果等10分钟，他会看到自己在A钟旁边出现，因为他去过A钟，并且在12点的时候抚摸过它。

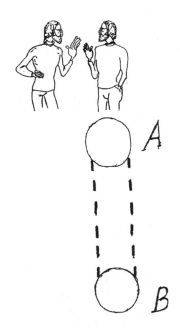

现在，观测者在 B 钟差10分12点的时刻出发，穿过虫洞，达到洞 72
口 A 的时候，A 钟差10分到12点。就这样，他走进了过去，虫洞成了
时间机器。这位观测者甚至可以在12点时在洞口 A 跟自己相遇。

有两点需要说明。首先，时间机器在原则上可以非常强大。我们与洞口 B 在强引力场中等待的时间越长，A 和 B 两钟的时间差就会变得越大。我们可以设计时间机器，让它带我们回到过去很多天，甚至很多年。第二，假如我们将虫洞口从中子星附近移走，让它们远离强引力场，它们将仍然起着时间机器的作用。于是，我们原则上可以构造一台两个洞口组成的时间机器，连接洞口的是某个更高维度中的一条很短的通道。这样，观测者可以走进洞口 B，在过去从洞口 A 出来。正如霍金在他的文章里解释的，这意味着那个观测者可以在过去跟他年轻的自己相遇。

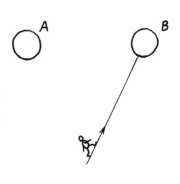

　　显然，这样的时间机器会产生怪圈。假如我从洞口 B 进入，从洞口 A 出来，出来的时候是过去，那时我还没有走进洞口 B。那么，会出现两个我自己，一个是即将进入洞口 B 的年轻一点儿的我，一个是刚从洞口 A 出来的老一点儿的我。如果我拿把小刀把年轻的我杀死了，[74] 那么年轻的我就不可能走进洞口 B，从洞口 A 出来杀死自己。这是一个怪圈（或悖论）。换个例子说，我可以用更强大的时间机器，回到更远的过去，在母亲出生之前把祖母杀死，这同样引出一个怪圈。

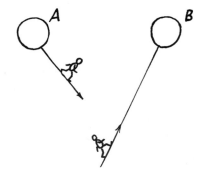

　　怪圈是不是说明时间旅行是不可能的？一点儿也不。原因是，我在讨论怪圈的时候犯了一个严重的逻辑错误。同一个情形，我用两种不同的方法讨论了两次。在第一个讨论中，我说的是我去洞口 B 的旅行，假定没有跟未来的老一点儿的我自己相遇。在第二个讨论中，我说的是同一个旅行，不过假定了第一个讨论是对的，这样我才能及时 [75] 回来，才能跟自己相遇。错误在于第一个讨论中假定了没有相遇。假如相遇发生了，它就是发生了。所以，我们从一开始就需要考虑相遇带来的结果。于是，即使我没有被自己杀死，在进入洞口 B 时，我还会记得我在走出洞口 A 时跟年轻的自己相遇过。

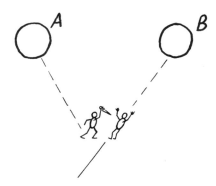

那么，离开错误的假定来分析，究竟会发生什么事情呢？我们将走进复杂的图像：物理学家不能确定地计算人的行为，因为人太复杂了。那也许是心理学家或者动物学家的问题，而不是物理学家的。不过，物理学家能模拟类似的涉及简单物体的显然的悖论情况。他们可以利用这个模型来计算物体发生了什么，从而决定如何解决悖论。

现在我们就试着用简单的物体来做一个悖论模型。想象在桌面滚动的一只小球，桌面开着一个洞口(或球袋)。我们不难朝着开口的方向击球，使球在桌面滚动，最后落进洞里。假如还有一只球，沿着另一条路线，在第一只球落进洞口之前，向它的路线横切过来。那么两只球会发生碰撞。如果碰撞很强烈，会极大改变第一只球的方向，这样，第一只球在碰撞以后将朝着完全不同的方向滚动，不可能滚进洞里。

76

假定我们有一台前面说的那种由洞口 A 和 B 形成的时间机器。于是，一个走进洞口 B 的人，会在过去出现在洞口 A。我们只用一只台球，把它送上通向洞口 B 的路径。这时候，台球穿行在虚空的空间，而不是在台球桌面，不过这点区别是无关紧要的。台球穿过空间，飞向洞口 B。可是，在它到达洞口 B 之前，因为时间机器的作用，它会在洞口 A 出现。于是，同一只台球会出现两个化身：一个新一点儿的，一个旧一点儿的。我们可以这样来设计第一次击球，使两个化身的路线相交，从而它们几乎同时到达相遇的点。结果呢？跟桌面的情形一样，我们可以把球击得很重，这样旧球会狠狠撞击新球，改变它的路线方向，使新球永远也不能到达洞口 B。

77

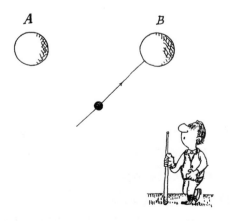

78　　　我们又遇到了悖论：如果新球永远不能进入洞口 B，旧球从洞口
A 出现就没有了根据。这个悖论类似前面说的那个我跟年轻的自己相
遇的悖论。悖论的根源仍然在于我们对同样事情的两次讨论犯了逻
辑错误。在台球运动的第一个讨论中，我们假定没有球在洞口 A 出现，
也没有考虑碰撞。这些假定是不对的：如果碰撞发生了，它就是发生
了，讨论从一开始就应该考虑它。所以，新台球的运动会受两个效应
的影响：我们初始的打击和它与旧台球的碰撞。

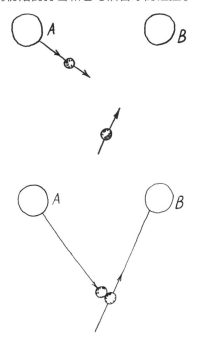

　　　那么，悖论如何解决呢？ 如果我们以恰当的力量将台球击向洞
口 B，会发生什么事情呢？ 在这种情况下，我们可以计算发生的事情，
因为台球是很简单的力学系统，如果从一开始就考虑两个球的碰撞，

那碰撞是很弱的，旧球只是轻轻碰了一下新球。于是，新球沿着稍
微偏离我们预期的路线前进，仍然会进入洞口 B。它再从洞口 A 出来，
继续运动下去，路线仍然稍微偏离没有经过碰撞的方向。由于路线的
些许偏离，它跟自己的新化身的碰撞不会强烈，只能是轻微的，轻轻
从它旁边擦过。这样，我们的问题有了一个和谐的解决。尽管我们想
让碰撞强烈一点儿，但是，如果一开始就把碰撞考虑进来，正确分析
那种情形，碰撞实际上是很微弱的。这个和谐的解决可以从严格的数
学计算得到，最早是索恩发现的。

　　我们现在看到，没有矛盾，没有悖论，也没有两个不同形式的碰 [79]
撞事件。只有一个碰撞，一个历史。假如发生了什么，它就是发生了。
事件不仅受其他过去事件的影响，也同样可能受未来事件的影响，因
此事件的河流可能是非常复杂的。但是，只有一个事件流，因此过去
一旦出现就不可能改变。

一个套着保险
丝的炸弹

80

假如我们以恰当的方式将炸弹送到虫洞口 B 的方向，它会在过去从洞口 A 出来，沿着原来的路线到达相遇的点。假如它跟更早的自己相遇了，即使轻轻接触，也会引起爆炸。后来的炸弹被毁了，它不可能再继续向洞口 B 运动，也不会有从前的炸弹在洞口 A 出现。这是一个悖论。

81

可能有人反对说，我们不过分析了寻常的力学系统，其他更复杂的系统引出的尖锐矛盾是不会那么容易解决的。例如，我们可以想象，我们有的不是台球，而是一颗外面套着保险丝的炸弹，于是，只要轻轻一碰它的表面，就能将它引爆。乍看起来，在这种情形似乎不会有和谐一致的事件流。实际上，

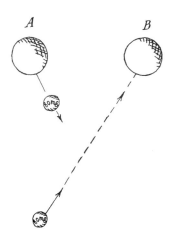

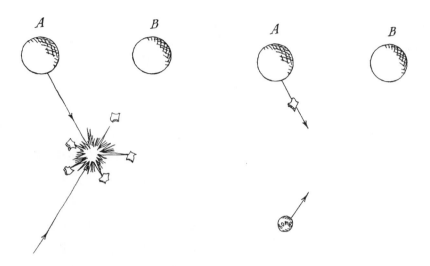

　　悖论可以这样来解决。当炸弹向着洞口 B 运动时，洞口 A 出现了一样东西 —— 不是炸弹更早的化身，而是一个碎片。(我们马上就会 ⁸²明白，为什么有碎片从洞口 A 出来。)碎片沿着路线走向相遇的点，与炸弹相撞，引起爆炸。炸弹的碎片分散在不同的方向，至少有一块进入了洞口 B。那块碎片重新出现在过去的洞口 A，引起了那个爆炸。于是，我们又得到一个和谐的状态，没有任何矛盾或悖论。但是，我们也能很清楚地看到未来对过去的影响。未来的碎片既是爆炸的引线，也是爆炸的结果。这是异乎寻常的，但不是自相矛盾的。

　　我们可以从这些例子得出两个结论。第一，当时间机器出现时，我们可以经历非常奇异的物理过程，但不会遇到矛盾。第二，任何事 ⁸³件(如爆炸)都是不可能更改的。事情一旦发生了，就不可能有两个历史——在一个历史中发生，在另一个历史中不发生。

现在我们再来考虑在人的情形中出现的显然的悖论。你能用时间机器回到过去杀死年轻的你自己吗？答案是否定的，那不可能，将导致悖论。而我们在前面看到，悖论不会出现。于是，物理学定律会阻止你去杀死年轻的自己。正如索恩说的，如果谁想杀死年轻的自己，或者他的祖母，一定会发生什么事情令他住手。物理学家尽管可以对简单的物体计算发生的事情（就像我们这里做的那样），但是不可能精确计算什么令杀人的手放下，因为人太复杂了。

84　　这意味着我们的自由意志一定有约束。假如我碰到一个年轻的自己，想杀死那个年轻的化身，那么物理学定律会阻止我那么做。这样加在自由意志的约束是不寻常的、神秘的，但并非全然独一无二的。例如，我愿意在没有任何仪器的帮助下在天花板上漫步，可物理学定律不允许我那么做；我如果走的话，一定会掉下来。所以，我的自由意志受到了限制。当然，对于时间机器的情形，自由意志的约束的性质有所不同，但不是根本的不同。

　　总的说来，时间机器是否能够存在的问题还没有解决。不过，即 [85] 使物理学定律严禁时间机器，也值得我们去考虑它所引发的问题，因为它可能使我们重新认识时间和因果关系的本质，认识物理学的其他方面。最后，我们不能改变过去。我们不能让时间旅行者回到伊甸园，叫夏娃不要去摘树上的苹果。

"噢！小姐！
看在上帝的分上，千万别摘！"

让历史学家放心的世界　　　史蒂芬·霍金

　　本文谈时间旅行，这是索恩老来发生兴趣的东西。(是巧合吗？) [87]
不过公开猜想时间旅行却需要谨慎小心。如果新闻界宣布政府在资助
时间旅行的研究，可能会有人呼叫那是浪费大家的钱，也会有人要
你证明那研究有着军事的意义。所以，即使在物理学圈子里，也只有
我们几个愚蠢到家的人在研究如此政治荒唐的课题。我们借着些专
门术语来掩饰自己，说什么"闭合类时曲线"，其实就是时间旅行的
"行话"。

　　对时间的第一个科学描述，是牛顿在1689年做出的。牛顿当年
是剑桥的卢卡斯讲座教授，就是我现在的位置(当然他不是靠电脑活
动的)。在牛顿理论中，时间是绝对的，永不停息地流逝着，不可能
调头回到更早的时候。然而，当爱因斯坦在1915年建立起广义相对 [88]
论，情况就改变了。时间现在与空间结合在一起，成为一体的所谓
"时空"。时空不是事件发生的绝对固定的背景；爱因斯坦的方程让时
间和空间动起来了，描述了它们是如何被宇宙的能量和物质所扭曲的。
时间仍然在局部向前流逝，但时空的强烈弯曲可能产生那样一条路径，
能在出发之前回到起点。几年前，BBC跟基普和我做了一个节目，
向大家说明那样的时间旅行可能是什么样子。他们用巧妙的摄影来

描摹 "虫洞" —— 连接不同时空区域的假想隧道。大概意思是说，你走进虫洞的一个洞口，从另一个洞口出来，走进不同的空间，也在不同的时间。

虫洞假如存在的话，应该是快速空间旅行的理想工具。你可以穿过虫洞到银河的那一边，然后赶回来吃晚饭。不过我们可以证明，如果虫洞存在，你也可以利用它回到出发以前的时候。于是你可能想拿它做些事情，例如，让火箭在发射架上爆炸，一开始就不让你出发。

这是 "祖父怪圈" 的另一种说法：假如你回到过去，在父亲出生之前把爷爷杀死了，会发生什么事情呢？

89　　　当然，只有在你相信你有自由意志，想回去做什么就做什么，那个怪圈才可能出现。我不想在这篇文章里走进自由意志的哲学讨论，我想说的是，物理学定律是否允许时空那么弯曲，让飞船那样的宏观事物回到它自己的过去？ 根据爱因斯坦的理论，飞船必然以低于局部光速的速度运动，沿着所谓的 "类时曲线" 在时空里飞行。这样，我们可以用专门名词来问一个问题：时空允许 "闭合的" 类时曲线吗？就是说，曲线能反复经过它的起点吗？

时间旅行　◀──────▶　闭合类时曲线

我们可以试着从三个层次来回答这个问题。第一是爱因斯坦的广义相对论，这是所谓的"经典理论"，就是说，它假定宇宙有完全确定的历史，没有任何不确定性。对经典的广义相对论来说，我们有一幅相当完备的图画，也就是我下面要讨论的。

时空允许类时曲线吗？

1. 经典理论

2. 半经典理论

3. 完全量子理论

然而我们知道，经典理论不可能完全正确，因为我们发现，宇宙的物质在经历着涨落，不可能精确预言它的行为。20世纪20年代兴起一种新的"量子力学"的思想模式来描述那些涨落，量化那种不确定性。于是我们可以在第二个层次，即所谓的"半经典理论"，来提出时间旅行的问题。在这个理论中，我们是在经典的时空背景下考虑量子的物质场。这幅图画还不够完整，不过我们多少知道应该如何走下去。

最后还有引力的完全的量子理论(不管它将来可能是什么样子的)。在这个层次，我们甚至不知道该如何提问。时间旅行可能吗？也许我们能做的只是问自己：无限远处的观测者会如何解释他们测量的结果？他们会认为时间旅行已经在时空内部发生了吗？

我们从经典理论说起。平直的时空没有闭合的类时曲线，以前知道的其他爱因斯坦方程的解也没有。于是，当哥德尔（Kurt Gödel，他更出名的是数学中的"哥德尔定理"）在1949年发现一个充满着旋转物质的宇宙解时，爱因斯坦非常惊讶，因为每一点都经过了闭合的类时曲线。哥德尔的解需要一个宇宙学常数（它可能在大自然存在，也可能不存在），而后来发现的其他解没有那个常数。

> 哥德尔的宇宙
>
> 包含着旋转物质的时空，
>
> 闭合的类时曲线经过时空的每一点

一个特别有意思的情形是，两根宇宙弦以极高的速度相互穿过。正如名字所说，"宇宙弦"是细而长的物体。它们出现在某些基本粒子理论的预言里。单独一根宇宙弦的引力场是被切去一个楔形空缺的平直空间，边缘就是弦所在的地方。于是，如果有人环绕宇宙弦走一圈，空间距离会比想象的短，但时间不会受影响。这说明，单独一根

91

单根宇宙弦周围的时空

时间　空间

空间

叠合

宇宙弦

从时空脱离的
楔形缝隙

宇宙弦周围的时空不包含任何闭合的类时曲线。不过，假如还有另外一根宇宙弦，相对于第一根运动着，那么每个切去的楔形空缺不但会缩短空间距离，也会缩短时间间隔。如果两根宇宙弦以接近光的速度相对运动，那么，绕它们一圈将节约大量时间，可能在出发之前就回来了。换句话说，存在闭合的类时曲线，我们可以从它走回过去。

宇宙弦时空包含着具有正能量密度的物质，从物理学的角度说是合理的。然而，产生闭合类时曲线的时空弯曲在一直向着无限延伸，从而回到无限的过去。因此，这些时空是伴随着发生在其间的时间旅行而产生的。我们没有理由相信我们的宇宙是以这样的卷曲方式生成 ⁹² 的，我们也没有什么可靠证据说明谁是来自未来的客人。(我不想说同谋理论，说什么UFO来自未来，而且政府也知道，还为它遮掩。他们的遮掩的记录是不真实的!)于是，我要假定，不存在什么闭合的类时曲线能回到某个常数时间曲面S。

那么问题是，某个发达的文明能否制造时间机器？ 就是说，那个文明能否改变S未来的时空，从而使闭合的类时曲线能在一个有限区域出现？

我说"有限区域"是因为，不论文明多么发达，它都只能控制宇宙的有限部分。

在科学中，发现正确的问题形式，常常是解决问题的关键。这就是一个很好的例子。为了确定有限时间机器的意义，我要回顾一下自己做过的一些事情。我曾定义过S的柯西发展区域，区域每一点的事件完全由发生在S面上的事件所决定。换句话说，那个时空区域的每一条可能的路径(运动速度小于光速)都是从S出发的。[1]

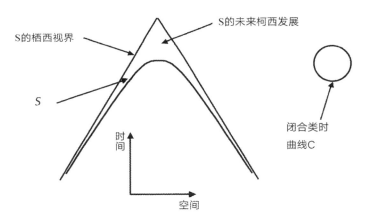

但是，假如发达的文明做出了时间机器，就会在S的未来出现闭合类时曲线C。C在S的未来转圈圈，却不会回到过去与S相交。这意味着C上的点并不在S的柯西发展区域。因此，S有一个柯西视界H，它是一个曲面，也就是S的柯西发展区域的未来边界。大约在第一次见基普的时候，我已经提出了柯西视界的概念——那是在很久很久以前，诺亚方舟那场大洪水以后不久！

柯西视界出现在某些黑洞解的内部，也出现在物理学家所谓的"反德西特空间"里。不过在那些情形中，形成柯西视界的光线要么来自无限远，要么来自奇点。为了生成这样一个柯西视界，需要把时

1.感兴趣的读者请参考霍金的《时空的大尺度结构》(*The Large Scale of Timespace*)第5章。——译者

空卷曲到无限远，或者需要一个时空奇点。即使最发达的文明也只能在有限区域内卷曲时空，而不可能把它无限地卷曲下去。发达的文明可以聚集足够的物质来产生引力坍缩，而引力坍缩可能产生时空奇点，至少经典的广义相对论是这么说的。但爱因斯坦方程在奇点没有定义，因而不可能预言柯西视界以外发生的事情，更不可能知道是否存在闭合的类时曲线。

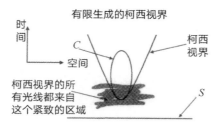

有限生成的柯西视界

因此，我要把我所谓的"有限生成的柯西视界"作为时间机器的准则。生成这种柯西视界的光线完全来自某个紧致的区域。换句话说，它们不可能来自无限远或奇点，而只能来自一个包含着闭合类时曲线的有限区域。那样的区域，我们的发达文明是应该能够造出来的。

拿这个定义作为时间机器的蓝图，有一个好处：能用彭罗斯（Roger Penrose）和我为了研究奇点和黑洞而发

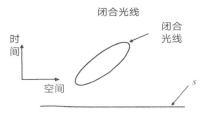

展起来的因果结构方法。即使没有爱因斯坦方程，我也能证明，在一般情况下，有限生成的柯西视界将包含一条闭合的光线，它可以不停地返回同一个起点。

我们接着来看一个不断重复的世界。闭合的光线每转一圈，都会
95　向着光谱的蓝端移动，因而图像越变越蓝。每一圈光线都可能散得很开，所以它的能量不会聚集起来成为无穷大。然而，蓝移说明光的粒子只能拥有一段有限的历史，那是它自己测量的时间所决定的——尽管它是在有限的区域内不停地往来，而没有走进曲率的奇点。可能你并不在意光子是否在有限时间里走完它的历史。但我还能证明，存在那样的路径，它的速度低于光速而且只有有限的持续时间。例如，某些观测者的历史可能就是这样的。他们也许被束缚在柯西视界前面的有限区域内，不停地来回游荡，越来越快，直到在有限的时间里达到光速。所以，假如哪个来自飞碟的美丽异类邀请你走进她的时间机器，你可要小心迈步！你可能会落进那些只能持续有限时间的不断重复的历史。

　　我说过，这些结果不依赖于爱因斯坦的方程，而只依赖于时空以怎样的方式卷曲，才可能在有限区域产生闭合的类时曲线。不过，我们现在可以问，发达的文明应该用什么类型的物质来弯曲时空，从而构造有限大小的时间机器呢？这些物质会像我前面说的宇宙弦那样，处处具有正的能量密度吗？宇宙弦的时空不满足我所提出的闭合类时曲线只能出现在有限区域的要求。不过也许有人会想，那只是因为我用的宇宙弦是无限长的。也许可以想象，我们能用有限的而且处处 96
具有正能量密度的宇宙弦圈来做一个有限的时间机器。

　　很抱歉，我令基普那样想回到过去的人们失望了，但那样的机器确实不可能用处处具有正能量密度的材料做出来！我可以证明，做有限的时间机器需要负的能量。

弱能量条件

能量密度对所有观测者都大于或等于零

97　　所有在物理上可能的场的经典能量动量张量，都服从所谓的"弱能量条件"，就是说，能量密度在任何参照系中都大于或等于零。这样，有限大小的时间机器被纯经典理论排除了。不过，半经典理论的情形有所不同，在那个理论中，我们是在经典的时空背景下考虑量子场。量子理论的不确定性原理意味着，即使在虚空的空间，场也总在不停地涨落。这些量子涨落会使能量密度成为无限。于是，只有减去一个无限的量，理论上才会具有我们观测到的有限的能量密度。否则，无限的能量密度将把时空卷成一个奇点。减去一个无限大的量之后，剩下的能量"期望值"至少在局部成了负的。即使在平直空间，我们也能看到那样的量子态，尽管能量的总和是正的，能量密度的期望值在局部却可能是负的。

可能有人想知道，这些负的期望值是不是真的使时空以"适当的"方式发生了卷曲，从而产生了时间机器。结果似乎是必然的。就在1974年我第一次访问加州理工学院之前，我发现黑洞并不像画的那么黑！

黑洞不黑

量子理论的不确定性原理能让粒子和辐射从黑洞漏出来，这样，

98　黑洞会失去质量，慢慢蒸发。对收缩的黑洞的视界来说，视界面上的

能量密度一定是负的，能使时空发生弯曲，使光线彼此分离。假如能量密度总是正的，弯曲的时空总是使光线彼此趋近，那么黑洞视界的面积就只能随着时间而增大。我第一次认识这一点，是在女儿出生不久，我刚要睡觉的时候。我也不说那是在多久以前，不过现在我都有外孙了 ——

黑洞的蒸发说明，物质的量子能量、动量、张量有时能朝着生成时间机器的方向卷曲时空。于是可能有人会想，某个高度发达的文明也许 99 可以把能量密度的期望值调整到足够大的负值，从而产生供宏观物体使用的时间机器。但是，与黑洞的视界不同，时间机器的视界包含着一圈圈转个不停的闭合光线。在弯曲空间背景下，量子场的能量、动量、张量可以通过所谓的"两点函数"来确定。

两点函数

如果 $x - y$ 或 x，y 在同一光线，那么，

$<\varphi(x)\varphi(y)>$ 是无限的

这个函数描写了 x, y 两点的场的量子涨落的相关性。我们让两点函数相对于位置 x 和 y 变化，然后让 x 趋近 y。当 x 趋近 y 时，两点函数会发散，不过，我们会清除那些可能出现在平直空间的发散，或者那些由 y 的局部弯曲引起的发散。在没有闭合光线的弯曲时空，清除发散的过程使能量、动量、张量成为有限的，当然，也可能像我前面说过的那样，是负的。

然而，假如 x 和 y 能通过光线连接，两点函数也将是无限的。所以，当存在闭合或几乎闭合的光线，我们就会遇到新的不能通过局部的相反的量来清除的无限。于是，我们可以期待，在柯西视界，在那个能回到从前的时间机器区域的边界，能量动量张量是无限的。这一点已经被几个简单背景下的具体计算证实了。在那些情形，我们精确知道两点函数的形式。一般说来，能量动量张量在柯西视界是发散的。实际上这就意味着，想穿过柯西视界进入时间机器的人或空间探测器，将消失在闪电般的辐射中！

这是不是大自然在警告我们休要对过去怀有什么企图？1990 年，基普和金成旺提出，能量动量张量在视界的发散也许可以通过量子引力效应来消除。他们说，在能量动量张量还没有大到人们注意它之前，发散就可能被清除了。我们还不知道量子引力是不是能发挥有效的清除作用，不过我想，即使那样，基普现在大概会认为，那些清除不会及时发生作用来挽救任何太空机器被粉碎的厄运。所以，对时间旅行来说，未来是黑暗的 —— 或许我应该说，未来是光亮的，亮得我们晕头转向。

　　然而，能量、动量、张量的期望值依赖于场在时空背景的量子态。大概有人猜想可以存在那样的量子态，它们在视界处的能量密度是有 [101] 限的，确实有这种情形的例子。我们不知道如何达到那样的量子态，也不知道它在面对穿过视界的物体时是否稳定。不过，发达的文明也许有那样的能力——到底是有还是没有，物理学家怎么说都行，也不怕人笑话。

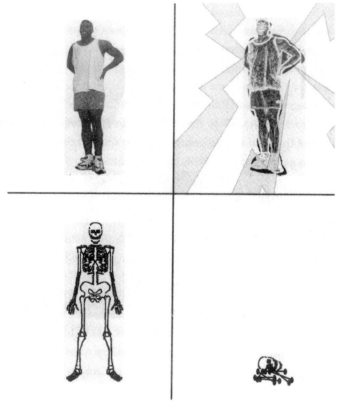

即使证明时间旅行不可能，

我们明白了为什么不可能，也是重要的

　　为了给那些在视界的量子态一些确定的答案，我们不但要考虑物质场的量子涨落，还要考虑时空度规的量子涨落。可以预料，这些涨落会给光锥和整个时序概念带来一定的模糊。确实，我们可以认为黑洞的辐射是"漏"出来的，因为度规的量子涨落意味着视界并不是完全确定的。因为我们还没有一个完整的量子引力理论，很难说度规涨落产生的是什么效应。不管怎么说，我们还是有希望从加州理工学院的另一位物理学家那儿得到一点指引，他就是费曼（Richard Feynman）。[1]

费曼在黑板前。　［加州理工学院，　Melanie Jackson 版权代理］

---

1. 费曼的系列读物（包括他的自传和一些讲义），也正陆续由湖南科学技术出版社出版。——译者

除了玩邦戈鼓，费曼对人类的伟大贡献在于他提出的一个概念：一个系统并不像我们通常认为的那样只有一个历史。相反，它具有每一个可能的历史，每个历史关系着各自的概率。加州理工学院橄榄球队也一定有赢得玫瑰杯决赛的可能，尽管那可能性也许太小了！

当我们面对的系统是整个宇宙时，每个历史都是一个存在着物质场的弯曲时空。由于我们要求所有可能历史(而不仅是那些满足某些运动方程的历史)的总和，总和里一定包含着允许到过去旅行的强烈弯曲的时空。所以

102

我们的问题是：为什么时间旅行没有到处发生？答案是，时间旅行其实正发生在微观的尺度上，但我们没有看见。

如果把费曼的历史总和的思想用于一个在背景时空运动的粒子,[103]我们必须考虑粒子超光速运动的历史，甚至粒子回到过去的历史。特别还可能有那样的历史，粒子在时间和空间的一个闭合圈子里转来转去。那大概就像电影《土拨鼠日》的情景，天气预报员只能重复着生活在同一天。[1]

---

1. *Groundhog Day* (港译《偷天情缘》)，Harold Ramis 导演，Andic MacDowell，Bill Murray 主演，是20世纪90年代最佳喜剧片之一，讲一个自大的电视台天气预报员很不情愿地去一个小城采访土拨鼠节的活动，结果被时间困住了。不论他做什么(包括追女人、抢银行)，第二天仍然是"同一天"。土拨鼠节是2月2日，土拨鼠破土出来的时候，代表春天来了。现在人们还在争论为什么把日子定在2月2日，不论宗教的还是天文的原因，都不令人满意。——译者

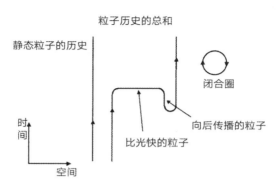

我们不可能拿粒子探测器来直接观测那些经历着闭合圈历史的粒子。不过，它们的间接效应已经在许多实验中观测到了。其中一个是氢原子产生的光线的微小移动，是在闭合圈运动的电子引起的。另一个是卡西米尔(Casimir)效应，两块平行金属板之间存在微弱的力，104 是下面的事实引起的：与在外面的区域相比，能在金属板之间发生的闭合圈历史要稍微少一点儿。

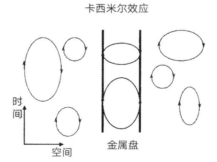

因此，实验证实了闭合圈历史的存在！

可能有人要问，这种闭合圈粒子的历史，即使在固定的背景(如平直空间)下也可能出现,那它们与时空的弯曲有什么关系呢? 不过我们近年发现,许多物理现象都有等价的对偶描述。我想,我们可以说粒子在给定的固定背景下的闭合圈上运动,同样也可以说粒子固定不动,而时间和空间在它周围涨落。这只是一个计算的次序问题:先在粒子路径上求和,还是先在弯曲的时空求和。

这样看来,量子理论允许微观尺度的时间旅行。不过,它对写科幻小说没多大意义,你不可能靠它回到过去杀死爷爷。于是问题是这样的:历史的总和能否在具有宏观的闭合类时曲线的时空附近达到某个局部最大的概率?

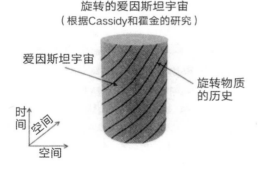

旋转的爱因斯坦宇宙
(根据Cassidy和霍金的研究)

为考察这个问题,我们可以在一系列不断接近闭合类时曲线的背景时空里,对物质场的历史进行求和。当闭合类时曲线第一次出现时,我们预料会发生戏剧性的事情。在我和我的学生卡西迪(Mike Cassidy)研究过的一个简单例子中,那样的事情真的发生了。[1]系列的背景时空关联着所谓的爱因斯坦宇宙。那是一个静态的时空,时间

1. M．J. Cassidy and S．W．Hawking,"Models for Chronology Selection", *Physical Review* D 57(1998): 2372-2380.

从无限的过去流向无限的未来。而空间方向却是有限的，像地球表面
那样自我封闭，不过是整个三维都封闭的曲面。于是，时空仿佛一个
105 圆柱，长轴是时间的方向，横截面是三维的空间。爱因斯坦宇宙没有
膨胀，所以不能代表我们生活的宇宙。不过，用它来讨论时间旅行却
很方便，因为它很简单，很容易计算历史的总和。

　　暂时忘记时间旅行，我们来考虑温度有限的量子场，它们处在绕
着某个轴旋转的爱因斯坦宇宙中。假如有人站在轴上，他可以保持在
空间的同一点。但是，假如不在轴上，他可以在绕轴的旋转中穿越空
106 间。假如宇宙空间是无限的，距离轴足够遥远的点可能以比光还快的
速度旋转。但是，爱因斯坦宇宙在空间方向是有限的，所以存在一个
临界的旋转速度，在它以下，宇宙不会有任何部分能转得比光还快。

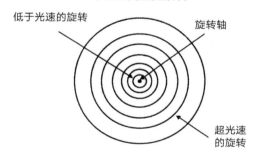

平直空间里的旋转

低于光速的旋转　　　　　　旋转轴

超光速
的旋转

　　现在我们可以考虑在旋转的爱因斯坦宇宙中计算粒子历史的总
和。缓慢旋转时，粒子可能有许多路径，每条路径的粒子具有一定的
能量。这些路径对所有粒子历史的总和都有贡献。但是，如果爱因斯
坦宇宙的旋转速度提高了，粒子历史的总和将主要集中在经典理论所
允许的粒子路径附近，也就是以光速运动的粒子路径。这意味着粒子

历史的总和将是很小的。因而，在所有弯曲时空历史的总和里，这些背景时空出现的概率也将相对较小。

　　旋转的爱因斯坦宇宙跟时间旅行和闭合类时曲线有什么关系呢？答案是，它们与允许闭合类时曲线的其他背景时空在数学上是等价的。其他的那些背景是在两个空间方向膨胀、在第三个空间方向不膨胀的宇宙。第三个方向是周期性的，就是说，在那个方向上走过一定距离，还会回到起点。但是，在这个方向上每回归一次，我们在其他某个方向的速度就获得一次加速。¹⁰⁷

有着闭合类时曲线的背景

在此方向膨胀
的宇宙

不在此方向膨胀
的宇宙

垂向加速，
回到起点

　　如果加速度很小，就不会出现闭合类时曲线。然而，我们可以考虑加速度不断提高的一系列背景时空。闭合类时曲线可能会在某个临界的加速度出现。一点儿不奇怪，这个临界的加速度对应于等价的爱因斯坦宇宙的临界旋转速度。因为在这些背景进行的历史总和计算在数学上是等价的，所以我们可以得出一个结论：当这些背景时空趋近闭合类时曲线所需要的弯曲时，它们的概率会趋近于零。这支持了我的"时序保护猜想"：物理学定律共同禁止宏观物体的时间旅行。

时序保护猜想

物理学定律共同禁止宏观物体的

时间旅行

108　　尽管闭合类时曲线在历史的总和里是允许的，但概率太小了。实际上，基于我前面说过的对偶性的论证，我估计基普回到过去杀死爷爷的概率小于一个大数分之一，那个大数等于1后面跟1万亿亿亿亿亿亿亿个0（10^{60}）。这可真是一个小概率，不过，假如你仔细端详基普，你会发现他的轮廓有点儿模糊！这些模糊正好说明，不知哪个"天生"

基普能回到过去杀死爷爷的概率

小于 $1 / 10^{60}$

的兄弟靠着那点儿可怜的概率，从未来回到过去杀死了他的爷爷，所以他并不完全在这儿！

　　基普和我都喜欢打赌，我们经常为这类问题打赌。遗憾的是现在赌不起来了，因为我们是站在同一边的。另外，我也不想跟其他任何人打赌。他们可能来自未来，知道时间旅行已经开通了！

时空弯曲与量子世界：
对未来的思考

K．S．索恩

我刚过了一个盛大的生日纪念会。我的朋友哈特尔（Jim Hartle）[109]告诉我，这样的盛会有两个危险。第一个危险是，朋友们会夸大你的成绩，令你感到不安；第二个危险是他们不夸大你的成绩。幸运的是，我的朋友都大大地夸奖了我。

如果说他们的夸奖里还有真实的内核，那么许多内核是约翰·惠勒替我埋下的种子的结果。不论我写东西、当导师还是做研究，约翰都是我的导师。大约40年前，他是我在普林斯顿大学的博士学位论文的指导老师，后来我们成了亲密的朋友，还合作写了两本书，他是我一生的灵感的源泉。我的60岁生日令我想起很多我们为老约翰庆祝60大寿的事情，那是在30年以前。

回顾我40年的物理学生涯，我为我们对宇宙的认识的巨变感到惊讶。未来40年会带来什么进一步的发现呢？ 今天我要对我一直从[110]事的那些物理学领域的几个重大发现做一点猜想。也许，我的预言在今后40年里会显得很愚蠢。不过，我从不介意它看起来有多愚蠢，而预言也总是能激发研究的。我想一群年轻人正开始证明我错了！

图1　26岁的爱因斯坦，那年他建立了狭义相对论 —— 20世纪我们认识自然律的第一次革命的第一步。　［以色列耶路撒冷希伯莱大学爱因斯坦档案馆藏］

首先，我请你们回想一下我的工作领域的基础。我的部分工作在广义相对论。相对论是20世纪我们认识宇宙法则（物理定律）的第一次革命。这第一次革命，是爱因斯坦的两步飞跃带给我们的：1905年的狭义相对论和1915年的广义相对论。两步之间的10年奋斗，也就是莱特曼在本书后面讲述的那种智力奋斗。

在奋斗的最后，爱因斯坦发现，物质和能量弯曲了空间和时间，弯曲决定了将我们牢牢绑在地球表面的引力。他提出了一组方程，我们可以从它导出栖息在我们宇宙的物体周围的时间和空间的弯曲。85年过去了，成千上万的物理学家曾与爱因斯坦方程搏斗，在搏斗中寻求他们关于时空弯曲的预言。

111

我在《黑洞与时间弯曲》里讲过那些搏斗的故事，还讲过它带来的最有趣的发现：黑洞的预言。20世纪30年代，奥本海默(Robert Oppenheimer，那时总在伯克利加州大学和加州理工学院之间穿梭往来)提出那个预言的第一个雏形，而黑洞是什么，有什么行为，却是千百物理学家在20世纪50年代、60年代和70年代团结奋斗的结果。我的导师惠勒是黑洞的现代先驱，我的朋友霍金则是后来的先知。

根据爱因斯坦的方程，黑洞是时空弯曲的终结：它完全是弯曲的结果，也只是弯曲的结果。它的强烈弯曲来自巨大的高度致密的能量 —— 那些能量不存在于物质，而在弯曲本身。弯曲导致弯曲，不需要凭借任何物质。这是黑洞的基本特性。

假如我有一个黑洞，周长大约10米，跟世界上最大的南瓜差不多大。那么，根据已知的欧几里得几何定理，你可能以为它的直径是10米除以 $\pi = 3.14159\cdots$ 大约等于3米。但是，黑洞的直径远大于3米，也许是300米。这怎么可能呢？很简单：欧几里得的定理在高度弯曲的黑洞空间失效了。

我们来看一个简单的类比。拿一张橡皮膜，如小孩儿的橡皮凉席，[112]把它展开，四角固定在四根高高的柱子的顶点。然后，在它的中央放一块重重的大石头。石头使橡皮膜下陷。见图2a。现在，你来扮演生活在橡皮膜上的一只蚂蚁，橡皮膜的表面就是你的整个世界。假设你不是一般的蚂蚁，而是一只瞎蚂蚁，所以你看不见四角的柱子和中央的石头。不过，你很聪明，而且很好奇，于是你开始探索你的世界。你沿着橡皮膜陷落的圆周边界出发，用脚步测量它的周长，结果是

30米。你学过欧几里得的数学，所以你预计它的直径大约是10米。不过，你一贯怀疑所有的预言，于是你开始去测量那个直径。你朝着中心爬去，爬呀爬，终于从另一边爬了出来，但是你经过的旅程是300米，而不是欧几里得说的10米。"你的宇宙的空间是弯曲的"，你最后发现——弯曲还很厉害。

这个故事相当准确地描述了黑洞。我们可以想象，黑洞内部和周围的三维空间，就像图2a所描绘的二维橡皮那样，在高维的平直空间（通常叫"超空间"）里弯曲。假如我是生活在高维超空间里的"超生物"，我会看到黑洞空间的样子跟那张橡皮膜是非常相似的（图2b）。

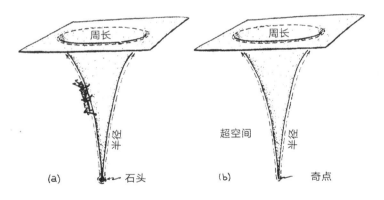

图2　a.　聪明的蚂蚁在探索因为大石头而沉陷的"橡皮凉席"；
　　　 b.　生活在超空间的超级生物所看到的黑洞的弯曲空间

黑洞最吸引人的地方是，假如我落进一个黑洞，就再也出不来了，也不可能给等在外面的你发任何信号。这可以用图3来说明。在图中，超空间的一个超生物看见二维的基普落进了黑洞。（为了使图更容易理解，我压缩了我们宇宙的一个维度。）在我落下时，随身带一个微波天线，让它发信号给外面的你，告诉你我看见了什么。

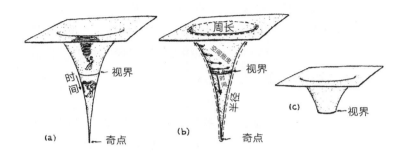

图3　a．基普落进了黑洞，在试着给外面的你发射微波信号；
　　　b．空间和时间的弯曲，空间要把你卷进旋转黑洞周围的"龙卷风"；
　　　c．视界外面的空间弯曲——这张图是下面几个图的模板

现在，不但我穿行的空间是弯曲的，根据爱因斯坦的方程，时间也是弯曲的：黑洞附近的时间流慢了，而在那个"没有回程"的点（黑洞的"视界"或边缘），时间已经弯成了空间，它的流向是通常的空间方向；时间流的未来朝着黑洞的中心。爱因斯坦的方程肯定，没有什 114 么东西能在时间里回头。[1] 所以一旦进了洞，我和我的微波信号，不管是不是愿意，都只能被时间流拖着落向藏在黑洞中心的"奇点"。你等在外面，永远也不可能收到我从视界下面发出的信号。时间流把它们从你身边带走了。为了探索黑洞的内部，我付出了最后的代价：我不可能把我的发现告诉大家。

　　空间弯曲了，时间慢了而且向着黑洞中心流，除了这两点，黑洞

---

1. 或者更准确地说，没有什么东西能在局部的时间流中逆向运动。假如逆向时间旅行是可能的，那么（正如诺维柯夫在前面讲的）只需要一个回路（例如虫洞）就能实现，你在这个回路是一直顺着"时间河流"走的，但你却在比出发更早的时间回到了你的起点。我在本文后面要做出这个预言。

的时空弯曲还有第三个特征：视界外一圈圈的龙卷风似的空间和时间的旋涡 (图 3b)。在大气中，远离龙卷风中心的涡旋很慢，同样，远离黑洞视界的时空涡旋也很慢。距中心或视界越近，涡旋越快。在视界附近，时空涡旋剧烈而飞快，能把一切敢在那里冒险的事物都卷进飞旋的轨道。不论坚固的飞船有多么强大的引擎，只要到了视界的旁边，就不可能抵御那些旋涡。向前的时间流无情地拖着它一圈圈地飞行 —— 如果到了视界里面，它还要被时间流拖向那个张着血盆大口的黑洞中心的奇点。

绕着黑洞旋转的时空旋涡，是来自新西兰基督堂的数学物理学家克尔 (Roy Kerr) 在 1963 年从爱因斯坦方程里发掘出来的。正如黑洞的巨大能量 (弯曲本身的能量) 产生了空间的弯曲和时间的卷缩，黑洞的巨大旋转角动量 (时空涡旋本身的角动量) 产生了时空的旋涡。根据爱因斯坦的方程，弯曲的能量和角动量产生了弯曲。弯曲带来弯曲。

115　　　因为不能从黑洞的外面看它的内部，所以我暂且不说内部的事情。我把黑洞的图像从视界处切开，像图 3c 那样，只描绘黑洞的外面。

如今，我们这些相对论物理学家沮丧地过了 20 多年。早在 1975 年，我们就从爱因斯坦方程发现了所有那些黑洞的预言，并把它们转给了天文学家，请他们通过观测去证实或否定。但从那时起，天文学家虽然尽了巨大的努力，还是没能定量观测到任何黑洞时空的弯曲。他们的伟大胜利是在宇宙中发现了大量几乎不容置疑的黑洞，但他们还不能画出他们发现的任何一个黑洞周围的时空弯曲 (哪怕是很粗糙的) 图像。

我就要在这样的背景下开始我的预言。先提出一个我充满信心的预言。

> 预言1：从2010年到2015年，一个叫LISA(激光干涉仪太空天线)的太空基线引力波探测器将揭示许多遥远的大质量黑洞周围的时空弯曲，而且能绘出非常精细的弯曲地图 —— 包括三个方面的弯曲：空间的弯曲、时间的弯曲和视界周围的时空旋涡。

每一张这样的黑洞地图，都是超空间的某个超生物眼中的黑洞，它们将完全地把黑洞从纯理论的东西转化为实验探测的天体。

图4和图5描绘了LISA地图的基础。假定在宇宙深处，一个小黑洞正环绕着一个巨大黑洞(图4a)。小黑洞有10个太阳那么重，周长大约180千米(旧金山的大小)。大黑洞跟100万个太阳的重量相当，周长大约1800万千米(比太阳大4倍)。小黑洞大约以半个光速环绕着大黑洞飞行，轨道只是大黑洞视界的几倍。

图4 a. 环绕着大黑洞的小黑洞；b. 小黑洞的轨道运动产生的引力波

小黑洞绕着大黑洞一圈圈地飞行，多少像我们用手指在水池里划出一个个水圈。手指在水面激起波澜，向池塘的四周扩散，传递着手指活动的信息；同样，飞旋的小黑洞的时空弯曲也在大黑洞四周的时空背景里产生弯曲的波澜。小黑洞每绕大黑洞一圈，它所产生的向外扩散的波也完成两次完整的振荡：两个峰和两个谷。这种波叫"引力波"（图4b），以光的速度向宇宙传播。几年前，我指导的一个研究生赖安（Fintan Ryan）证明，这些波在它们的"波形"里隐藏着大黑洞时空弯曲的秘密 —— 飞旋的小黑洞一直在窥探着它们。

　　这些引力波穿过茫茫的星系际空间，经过几十亿光年的长途，117 来到我们银河系，然后进入太阳系，在那里撞上我们的LISA（图5）。LISA是为了探测"过路的"引力波的"微澜"，然后记录它们的细节。我们希望拿那些细节去解开波所携带的秘密，画出一幅完整的包含了大黑洞弯曲那三方面特征的地图。

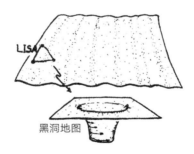

图5　经过漫长的星系际旅行，引力波打在LISA上。LISA探测并记录引力波的形态，然后，我们根据记录的形态绘出大黑洞弯曲的地图

　　LISA的基本原理如图6所示。飘浮在行星际空间的两只飞船类似于漂浮在池塘的两个木塞。水波经过时，波峰和波谷会拉开和压缩木塞间的距离。木塞的相对运动可以高精度地通过土地测量员运用的激

光回路技术来观测。

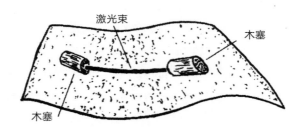

图6　我们可以通过利用激光束测量水池里荡漾的两个木塞间的距离来监测水波；同样，LISA也可以通过利用激光束测量两个飞船的距离来监测引力波

同样，引力波通过时也会拉开和压缩空间，使LISA的飞船产生忽 118 前忽后的相对运动，这种相对运动可以通过激光束来探测。飞船间的距离 L 越大，距离的波动 ΔL 也越大。波动的比 $\Delta L / L$ 等于振荡的引力波场。作为时间 t 的函数的振荡模式，$\Delta L(t) / L$，就是那个场的引力波的波形。这个波形类似于声波在示波器上表现的形态，藏着大黑洞的秘密地图。

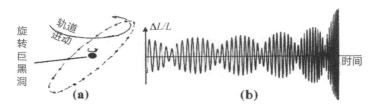

图7　a．旋转的大黑洞拖着空间在它周围运动，使小黑洞的轨道发生进动；b．在进动的轨道上飞旋的小黑洞的引力使LISA天线的臂长产生微小的变化 ΔL。本图表现了作为时间的函数的 $\Delta L / L$。小黑洞每绕大黑洞一圈，ΔL 就产生两次振荡。轨道的进动改变着引力波的振荡模式和相位

图7说明了那幅图的一个方面——像龙卷风一样包围着大黑洞的空间旋涡——是如何隐藏在波形里的。空间旋涡拖着小黑洞的轨

道跟它一同进动。从地球看(如果我们的眼睛能看那么远)，轨道有时正对着我们，有时斜对着我们。相应地，引力波振荡(每一周振荡两次)的幅度也跟着时大时小，波形就像图7b那样变化。在每一圈进动中，轨道朝向会发生两次改变，于是波形也随之以空间旋涡的速度发生两次改变。

为简单起见，我们假定：小黑洞的轨道是圆的，略向大黑洞的赤道倾斜，小黑洞重约10个太阳，大黑洞旋转很快，[1]重约100万个太阳。小黑洞在穿过大黑洞视界的一年前，轨道周长只是视界的3.4倍，它在进入视界前还能环行92 000圈(184 000个波动周期)。波的振荡周期是4.8分钟，由此我们推测出轨道周期为2 × 4.8分钟(以地球的时钟为标准)。而波形调节的周期为42分钟，由此我们知道，在3.4倍视界周长的地方，空间旋转的周期为2 × 42 = 84分钟。

在落进黑洞前一个月，小黑洞的轨道只有1.65个视界周长，波的振荡周期为1.6分钟，到陷落时还能振荡40 000个周期。波形调节的周期为8.6分钟，由此我们知道，在1.65倍视界周长的地方，空间旋转的周期为17.2分钟。

在落进黑洞前一天，轨道只有1.028个视界周长，波的振荡周期为38秒，到陷落前还能振荡2 000个周期。我们看到的波形调节周期为43秒，所以，在1.028倍视界周长的地方，空间旋转的周期为2分钟。

1.对熟悉黑洞数学的读者，我假定的是$a / M = 0.999$。

就这样，根据波形变化的调节模式，我们可以将空间旋转速度作为它在洞外位置的函数而画出来。在小黑洞存在的最后一年里的那184 000个周期的波，都来自一个5.8倍大黑洞视界面积的区域，我们希望从它们得到一幅精确的时空地图。

LISA由激光束联系的三个飞船组成，构成一个等边三角形(图8)。[120] 通过一种激光干涉仪(本文后面将解释这种测量方法)，可以监测三角形三个边长的变化；通过两个独立的边长差，可以推测波的两个独立波形。为了勾画一幅完整的地图，并同时了解小黑洞的质量和自旋、轨道细节、大黑洞在空间的方向以及两个黑洞到地球的距离，我们必须监测两个波形，一个是不够的。

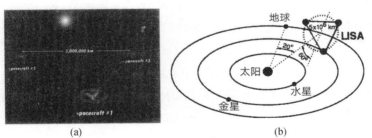

(a)   (b)

图8　a.LISA由等边三角形顶点的三个通过激光联系的飞船组成，每边长500万千米；b.这里，LISA的大小相对于行星轨道大约放大了10倍

LISA的三个飞船间的距离L是500万千米(地球到月球距离的13倍)。它们将跟在地球后面大约20°(5 000千米)，沿着相同的轨道绕着太阳旋转。引力波经过广袤的星系际空间，已经变得非常微弱了：$\Delta L / L$比10^{-21}(十万亿亿分之一)还小。相应地，飞船间距离的微小波动ΔL大约是10^{-10}厘米，相当于用来探测的激光波长的百万分之一，原子直径的百分之一。我们测量如此微小运动的能力，是献给当代技

术的一份厚礼！

　　LISA将由美国宇航局（NASA）与欧洲航天局（ESA）联合建造和运 121
行，暂时计划在2010年发射升空。它原是我的几个物理学家朋友，科
罗拉多大学的本德（Peter Bender）、格拉斯戈大学的德雷弗（Ronald
Drever）和麻省理工学院的魏斯（Rainer Weiss），在20世纪70年代设
想的（当然那时还不叫这个名字）。在过去的25年里，为了完善LISA
设计，为了确定它能看到什么样的引力波源天体、从那些天体的波能
得到什么科学发现，为了说服NASA和ESA相信LISA应该飞起来，许
多物理学家付出了艰辛的努力。终于，LISA在去年赢得了在政界有着
强大影响力的科学家委员会的批准，现在似乎正快速走向实现我的第
一个预言：在2010到2015年间绘出精确的大黑洞地图。

　　现在，我来讲第二个预言：

　　　　预言2：在2002到2008年间（也就是在2010年发射
　　LISA之前），大地基线引力波探测器将看着黑洞发生碰撞，
　　看着它们的碰撞引起时空弯曲的剧烈振荡。通过对比观测
　　的波与超级计算机模拟，我们将发现时空弯曲在与自身发
　　生动力学的非线性相互作用时是如何活动的。

　　波涛汹涌时，水波自身发生非线性动力学相互作用，可能破碎成
泡沫，跌落下来，吞没冲浪的健儿；也可能卷起巨浪，风行海上，拍
打岸边，带来无穷的灾难。弯曲时空的类似的非线性动力学行为至今
在很大程度上还是一个谜。我们希望通过联合引力波观测和超级计算

机模拟来发现它。

　　我们的发现需要凭借宇宙深处的两个黑洞之间的碰撞。两个黑 122
洞起初相互环绕着运动，因为发出引力波而逐渐失去能量，于是轨道
盘旋着越来越小。然后，两个黑洞在碰撞中结合，形成一个终极黑洞。
最后，那个终极黑洞的振荡也逐渐衰减，走向"没落"。

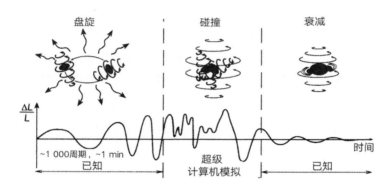

图9　上：相互环绕的两个黑洞旋转着发生碰撞；
下：黑洞发出的引力波形示意图

　　如图9所示，每个黑洞都像龙卷风，时空像绕着龙卷风中心旋转
的空气那样，绕着黑洞的视界旋转。因为黑洞是相互环绕的，所以它
们巨大的轨道角动量也会拖着时空一起旋转。于是，两股龙卷风被卷
进一个更大的旋涡，撞在一起，形成一股更强的风。我们想知道，旋
转的时空弯曲（而不是空气）卷在一起会发生什么事情。为回答这个问
题，我们需要从三个方向去进攻它：超级计算机的模拟、引力波的观
测，以及观测与模拟的认真比较。

　　在欧洲、美国和日本，大约50个科学家正在做计算机模拟。这些

科学家被称为"数值相对论专家"，因为他们是在计算机上用数值方 123
法求解爱因斯坦广义相对论的方程。我曾和他们打赌：也许在他们的
计算尚未达到模拟引力波所需要的精密时，我们已经从黑洞碰撞探测
到引力波了。我想自己能赢，不过我希望输，因为模拟的结果对解释
那些观测是至关紧要的。

　　图10是计算机模拟现状的一个例子。它描绘了两个大小不同的
无旋转黑洞的近正面碰撞的一些特征。在这个碰撞中，时空弯曲的非 124
线性动力学作用不会产生什么令人惊奇的事情。相反，如果黑洞沿随
机方向飞速旋转，像图9那样在盘旋收缩的轨道中相撞，我想时空的
弯曲会出现复杂而狂乱的振荡。

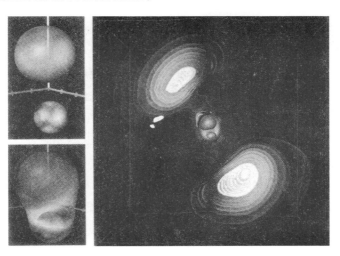

　　图10　在Edward Seidel和Bernd Brügmann领导下，德国Colm爱因斯坦研究
所的一群科学家在超级计算机上数值计算的大小不同的两个黑洞接近正面碰撞的情
况。左上：两个黑洞即将碰撞时的显视界(接近真实视界)；左下：刚碰撞后的
"合成"黑洞的显视界，原来的两个显视界在它里面；右：碰撞产生的双叶引力
波模式，三个显视界在它的中心。　［蒙爱因斯坦研究所和普朗克学会惠允复制］

图11展现了三个大地基线引力波探测器，如果我的预言不错，它们将在2002~2008年间的某个时候从黑洞的碰撞中发现引力波。这三个探测器，两个在华盛顿汉福德的一个普通工厂，一个在路易斯安那利文斯顿，构成了一个庞大的LIGO (激光干涉仪引力波天文台)。LIGO连同其他几个探测器，法国和意大利的VIRGO (在意大利比萨)、英国和德国的GEO 600 (在德国汉诺威)以及日本的TAMA (在东京郊外)，形成一个国际观测网络。

图11　从空中看LIGO引力波探测器。左：在华盛顿汉福德；右：在路易斯安那利文斯顿。[加州理工学院LIGO计划]

LIGO和它的伙伴们，是千百个科学家和工程师经过40年忘我研究而达到的一个高峰。LIGO本身始于1983年，原是我们几个人的梦想：MIT的魏斯、加州理工学院的德雷弗和我。梦想如今成为现实，多亏了它的几个领导者，MIT的魏斯和来自加州理工学院的弗格特 (Robbie Vogt)、怀特康 (StanWhitcomb)和巴里什 (BarryBarish)。从1994年开始建设LIGO起，巴里什就是负责人，他把LIGO组织成为一个国际大协作，大约350个科学家和工程师从美国、英国、德国、[125]俄罗斯、澳大利亚、印度和日本的25个研究机构，走到一起来了。那个杰出团队所表现的热情、奉献和高效，是令人惊奇的。实现我的第二个预言，我想就靠他们了。

他们怎么做呢？他们做了什么样的探测器来"看"黑洞的碰撞？
每一个LIGO的探测器都像一个LISA。LISA的三个"乘着时空波澜的"
飞船，在这里换成了四个圆柱形的镜子，镜子用线悬着（图12），两个
在角上，另外两个分别在如图11所示的L形建筑物的两端。"L"的两
个边长为L＝4千米。当引力波飞过时，镜子就像漂浮在水面的木塞，

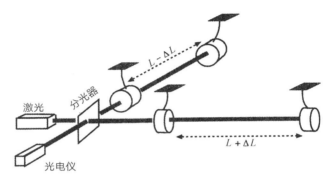

图12　LIGO的探测器

在水平的方向波动（悬挂的线使它们不能跟着波上下振荡），这种振动
的频率比镜子原来每秒1周的摆动频率要快得多。引力波拉伸或挤压
空间，使镜子像LISA的飞船那样，在水平方向前后摆动。探测器两臂
126 的摆动方向是相反的（图12），所以一个臂拉长了ΔL，另一个臂缩短了
ΔL。跟在LISA的情形一样，随时间变化的比$\Delta L / L$代表着引力波形，
这个波形可以像下面那样通过激光来监测。

　　从激光器出来的光通过分光器，分成两束光进入L的两臂（见图
12）。光在臂中来回反射大约100次，然后在分光器汇合并发生干涉。
当臂拉长时，探测器探测的光的强度会减弱；当臂缩短时，探测器探
测的光的强度会增强。这个"激光干涉仪"产生一个光探测信号，它

的强度正比于波形 $\Delta L / L$。

到2002年夏天，LIGO的三个干涉仪都要运行起来，那时，它和它的国际伙伴们将开始第一次引力波搜寻。LIGO的固有灵敏度$\triangle L / L$大约为10^{-21}，能不能观测黑洞的碰撞，还要看大自然的意思。经过3年的搜寻（我们希望是观测）后，我们将以"先进的探测器"来替代LIGO原来的探测器，它的灵敏度将提高15倍，因而能看到宇宙深处15倍远的地方，包容大1 000倍的空间区域。这些先进的探测器应该能看到远在"宇宙距离"（宇宙的一个很大的区域）的黑洞碰撞。天体物理学家预计，在那样的距离，每年甚至每天都会发生很多碰撞。这个估计增强了我对预言的信心：LIGO和它的伙伴能在2002~2008年间的某个时候第一次看到黑洞的碰撞。

现在，我要离开这两个自信的10年预言，就2020~2030的10年提出一点有根据的猜想。

猜想3：从2020~2030的10年间，LIGO及其伙伴和一个继LISA之后的空间基线探测器，将看到宇宙间所有300万个太阳质量以下的黑洞的碰撞，所有中子星与黑洞的碰撞，以及所有中子星与中子星的碰撞。它们每天都能看到很多碰撞。将观测的引力波与数值相对论的模拟进行比较之后，我们能得到一个庞大的碰撞编目和它们的细节，就像20世纪的光学、射电和X射线天文学做的恒星和星系编目一样。

猜想里的"中子星"是广义相对论的时空弯曲定律和量子力学定

127

律联合作用的结果。

　　量子力学是20世纪物理学认识的第二次伟大革命。如果说时空弯曲的定律(第一次革命)通常作用在宏观的尺度，作用在人和比人大得多的事物，那么量子力学定律则作用在微观的尺度，作用在原子和比原子更小的事物。量子定律和时空弯曲定律一样，也不同于我们的日常经验，但是它显得更加奇异：它们认为，像粒子的位置和速度那样的简单性质，在本质上是不精确的，而只能在概率的意义上定义 —— 发现一个粒子在这里或那里的概率。我马上就来讨论这些稀奇古怪的东西。

128

　　我们来看特别的一点。量子力学统治着"核力"—— 把源子核内的中子和质子束缚在一起的那个力。通常情况下，我们在粒子加速器中通过质子、中子或原子核的相互碰撞来跟踪核力。这些碰撞实验向我们揭示了核力的许多细节，但还不完全：当大量中子"挤压"在一个小小的空间，形成大核物质时，核力会有什么行为？实验能告诉我们的实在可怜。原因是，原子核不会长得很大，一个核顶多能包容几百个中子和质子，不会更大了。

　　当亿万个中子和质子塞满一个小小的体积，你想会发生什么事情？就我们所知，今天的宇宙中唯一可能出现这样的"大核物质"的地方，是中子星的内部，那里的密度可能比原子核的密度大30倍。所以，中子星是揭开大核物质之谜的钥匙。

　　量子力学的核力决定着中子星中心的强大压力 —— 一个要使星

体发生爆炸的压力。时空弯曲则产生强大的引力，它要把中子星挤得粉碎，使它成为一个黑洞。(如图13所示，时空弯曲的强度可以通过星体内部和周围的空间弯曲来刻画。)在星体内部，引力的挤压作用与核压力的爆炸倾向正好达到平衡。星体的周长就是由这样的平衡来决定的，核压力越强，周长越大。通过测量周长和质量，我们可以确定星体的引力，从而推测核压力的强度 —— 或者，更准确地说，我们 [129] 可以了解核的"物态方程"：作为密度的函数的核压力。

图13　中子星内部和周围的空间弯曲：a图中赤道面切过一颗星，从我们宇宙所在的更高维的平直超空间看，这个切面具有如b图所示的形状。星体的周长也许是直径的2倍，而不是π倍。

虽然我们已经用光学、射电和X射线望远镜发现了数百颗中子星，而且探测了它们的许多特征，但这些电磁波的观测只给我们带来了星体周长以及相应的核物态方程的粗略知识。我们大约测量了十几颗中子星的质量，结果都接近1.4个太阳，所以它们大约包含着 10^{57} 个中子；但它们的周长却很模糊，我们只知道大约在25~50千米。

这引出我的下一个预言：

　　预言4：在2008~2010年的某个时候，LIGO和它的伙伴们的先进的探测器，将通过黑洞撕裂中子星时所产生的引力波，来跟踪大核物质的性质。观测的引力波结合星体破碎的相对论数值模拟，将在10　左右的精度上确定星体

　　的周长。这个结果连同引力波的其他特征，将使我们更多
地认识核的物态方程。

　　图14画了一颗中子星被黑洞破坏的例子，同时伴随着引力波的
发射。星与洞原来相互环绕着运行，其能量随引力波而失去，轨道也
逐渐收缩。我们可以根据螺旋的波推测洞与星的质量和自旋。星在接
近洞的视界时，会遭遇不断增强的时空弯曲，最后被那弯曲撕得粉碎。
星的周长越大，越容易被撕碎，因而它被撕的经历更早就开始了。于
是，正如我的研究生瓦利斯内里（Michele Wallisneri）所证明的，我们 130
可以根据星体撕裂的开始来推测它的周长，从而推测它的物态方程
的某些细节；通过比较星体撕裂时产生的引力波与相对论的数值模拟，
我们应该能够推测物态方程的其他细节。

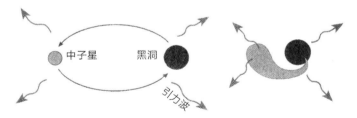

　　图14　a．相互环绕的黑洞和中子星将因随引力波失去的能量而逐渐盘旋着趋近；
b．当中子星靠近黑洞时，黑洞的时空弯曲将把它撕裂

　　黑洞碰撞与中子星的破碎不过是引力波的两个来源，LISA、
LIGO和它们的伙伴将发现更多的引力波源，并通过它们去追踪自然
的基本定律及其在宇宙中的作用。不过，我不想在这儿讨论其他那些
波源，下面我就人类技术和量子力学做一个大胆的预言。

预言5：2008年，我们将在LIGO看到40千克的蓝宝石圆柱表现出量子力学的行为。我们将发明一种"量子无破坏技术"来应对这种量子行为，而在2008年的时候，那种技术已经融入了LIGO的先进的引力波探测器。那种新技术可能是所谓"量子信息科学"的人类探索新领域的一个分支，包括"量子密码技术"和"量子计算"。

这个预言值得注意。教科书中说，量子力学的领地是微观世界，是分子、原子和基本粒子的世界。我们早就知道，量子行为在原则上 [131] 也能在人们生活的宏观世界表现出来，只是因为概率太小，教科书才忽略了它们，我们也没告诉学生。我们不能再把它们隐藏下去了。到2008年的时候，我们一定能看见量子力学的"不确定性原理"会在宏观世界——在LIGO的40千克的大镜子上——"崭露头角"，而我们必须学会如何躲过这个不确定性原理。

图15说明了原子世界的不确定性原理，那是它一直统治的王国。假定我们相继两次测量一个原子的位置。在第一次测量中，我们达到的精度等于原子本来的大小——10^{-8}厘米(图15a)。不确定性原理说，正是我们确定原子在什么地方的测量行为，给原子的速度带来了不确定性。这一点不确定性使原子在未知也不可知的方向，以未知也不可知的速度运动。结果，我们不可能预言第二次测量时原子在哪儿。我们只能说，它有很高的概率处于某个特定的区域，有时我们说那是 [132] "模糊的量子球"(图15b)。两次测量的时间间隔越久，那一团模糊的球就越大。即使我们只等了1秒，不确定性原理预言量子球的大小是1千米！在这个千米量子球的空间的某个地方找到原子的概率，由原子的"波函数"来描写(图15b)。量子力学的定律给了我们准确预言波

函数(即原子在什么地方的概率)的方法，但精确的位置却是不能预言的。

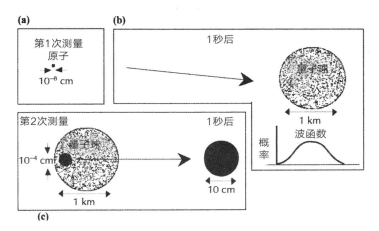

图15　通过相继测量一个原子的位置来说明不确定性原理

假定我们在量子球扩张到1千米时开始对原子的位置做第二次测量，不过这次测量的精度可比第一次的坏1万倍——只有10^{-4}厘米。这次测量行为一下子把1千米的球缩小到了10^{-4}厘米(图15c)，也引出新的速度的不确定性。根据不确定性原理，速度的不确定性与位置测量的精确度成反比，所以在我们第二次测量后的1秒钟内，球长大到了1千米的万分之一，只有10厘米(图15c)。

不确定性原理不论显得多么古怪，却是真实的，经过了许多实验室实验的证明。不确定性原理的一个关键特征是，位置测量所产生的速度的不确定不仅跟位置的精度成反比，也跟被测物体的质量成反比。难怪，我们从来没有见过和人一样大的物体表现出量子力学的行为。我们的"巨大"质量比一个原子的质量大10^{28}倍，使得速度的不确定性和量子球都小得可怜。

对LIGO科学家们来说，他们的技术能在2008年发现40千克大 [133]
镜子的微小量子球行为(假如我的预言是对的)，将是非凡的成果。图
16画了我说的那种大镜子。图中的镜子属于LIGO的第一代探测器，
它们将从2002年起开始寻找引力波。这些初始的镜子重11千克，不
是40千克；是石英造的，不是蓝宝石的。不过，2008年的先进的40
千克蓝宝石镜子，看起来也该是这个样子。

图16　左： 放在天鹅绒地毯上的第一代LIGO干涉仪镜面。右： 悬在LIGO支
架上的镜面。［加州理工学院LIGO计划］

不确定性原理对LIGO的40千克蓝宝石镜面的影响，画在图17。为 [134]
了测量镜面的位置，光束需要在镜面的一个10厘米直径的光斑上做
平均，还要在1毫秒的时间上做平均 —— 这个时间远远大于镜面各
原子的热振动周期。这样的平均保证光线测量了所有原子的平均位
置 —— 就是说，它测量了镜面的"质量中心"的位置。实际上，在测
量中，镜面就表现为单独的一个40千克的粒子，而不是闹哄哄撞在
一起的10^{28}个原子。

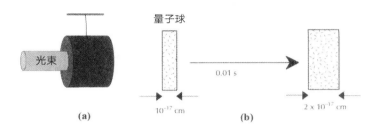

图17 不确定性原理对相继测量LIGO镜面的质量中心的影响

　　光束没有从三个方向来测量质量中心的位置，而只在一个方向：沿着光束的方向。在2008~2010年间，它将以很高的精度去测量那个位置；精确到大约10^{-17}厘米 —— 原子核直径的万分之一（10^{-4}），原子直径的十亿分之一（10^{-9}），光波长的十万亿分之一（10^{-13}）。这样神奇的精度将把镜子的质量中心的位置确定在10^{-17}厘米"大"的量子球里，如图17b。假如量子球不在测量的间歇中增长，那么，我们可以根据第二次测量的10^{-17}厘米探测出引力波，它使LIGO的镜面移动了$\Delta L = 2 \times 10^{-17}$厘米的可怜距离。然而，不确定性原理肯定会使量子球变得更大：第一次测量，因为它极端的精度，给速度带来了很大的不确定性，从而在半个引力波周期（大约1／100秒）内使量子球增大一倍。变大的量子球将掩盖任何$\Delta L = 2 \times 10^{-17}$厘米的微弱的引力波效应 —— 除非我们能找到一条绕过不确定性原理的路线。

　　1968年，我的俄罗斯好朋友布拉金斯基（Vladimir Braginsky）认定不确定性原理是引力波探测器和未来高精度测量仪器的潜在阻碍。20世纪70年代时，他就有远见地开始寻求绕过它的路线 —— 他给那路线起的名字是"量子无破坏"，意思是"别让不确定性原理破坏我们正试图从测量仪器获取的信息"。在20世纪70年代末的几年里，

135

我和我的学生曾跟布拉金斯基一起求索；最近，我们意识到2008年的LIGO也一定会面临不确定性原理，于是我们又满怀热情开始了新的合作。布拉金斯基和他的俄罗斯伙伴的思想，加上我自己小组中布南诺（Alessandra Buonanno）和陈雁北近年的工作，我们做好了迎接2008的准备：当引力波通过LIGO那40千克的量子力学镜面时，我们知道应该采取什么有效的办法来预防不确定性原理对引力波信息的破坏。

解决量子破坏的关键问题很严峻，而且大都太复杂了，今天不可能在这里讨论。但有一点关键的思想可以简单谈谈：在先进的探测器中，我们再也不必去测量镜面的位置或它们之间的距离（包含位置的信息）。我们需要做的只是测量距离的变化，而不用测量距离本身。通过这样的办法，我们就逃离了不确定性原理的魔爪。

你在前面看到了，当我被黑洞拖进它中心的奇点时，向外面发信号是多么徒劳的事情（图3a）。那个奇点的性质还是一个谜，但它附近的时空弯曲却并不奇怪。20世纪70年代初，我的3个俄罗斯朋友，别林斯基（Vladimir Belinsky）、卡拉尼可夫（Isaac Khalatnikov）和栗弗席兹（Yevgeny Lifshitz）通过求解爱因斯坦方程来探索奇点的弯曲，发现了图18描写的那种剧烈的混沌行为。[1]当我接近奇点的时候，时空的卷曲先把我从头到脚地拉长，从左到右地挤扁，接着又把我从左到右地拉开，从头到脚地压缩。如此翻来覆去，不停地变换花样，越来 136

---

1. 我的加拿大裔南非朋友Werner Israel最近研究发现，随着黑洞的衰老，奇点周围的时空弯曲会变得缓和，可能不那么恐怖了。我不大相信它会变得那么老实，不过我得承认，我的怀疑没有什么根据。只有量子引力定律（我会在本文的其他段落讨论）才知道是怎么回事。

越快，也越来越疯狂。不久，我的身体"没了"，只留下一卷"意大利面条"（这是惠勒用过的术语）。然后，我的每一个原子也被卷成谁也分不清的意大利面条；然后，空间本身也卷成了面条。

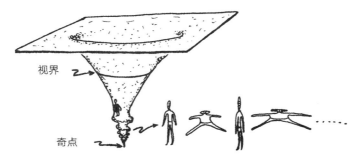

图18　基普掉进了黑洞。当他接近中心的奇点时，会被极端弯曲的空间卷成意大利面条

我相信惠勒在1957年的论断：那个"面卷"过程的终点 —— 时空奇点 —— 是由量子力学定律和时空弯曲定律联合决定的。一定是这样的，因为时空弯曲是在极端微观的尺度把空间卷成面条的，那样的尺度必然经受着不确定性原理的强烈影响。

时空弯曲与量子力学的统一定律就是所谓的"量子引力定律"，自20世纪50年代以来，它一直是物理学家们追寻的圣杯。20世纪60年代初，我还是惠勒的学生，那时我想，量子引力的定律太难把握，更不可能在我这辈子发现。不过现在我想通了，那个"弦理论"正在走近它们，看起来大有希望。

弦理论在一些人看来名声不太好，因为它还没有做出能通过实验或天文学（或宇宙学）观测来检验的预言。作为量子引力客体的奇点，如果观测到了，就可以用来检验它。

　　看来，黑洞内部的奇点没什么用处，因为我们不能从地球看见它们。假如你真的看到了，你也该死了，谁来告诉我们呢？还有别的我们能看见的而且不死的奇点吗？是的，至少有一个，那就是产生我们宇宙的大爆炸的奇点，而引力波是追寻它的理想工具。

　　大爆炸产生三种辐射：电磁辐射（光子）、中微子辐射（中微子）和引力波（图19）。在起初的100 000年里，宇宙灼热而且致密，连光子也无法传播 —— 从产生、散射到吸收，它们几乎没有移动一点儿距离。最后，在100 000年的时候，宇宙经历了充分的膨胀和冷却，光子可以活动了，开始了它们漫长的地球之旅。我们今天看它们是"宇宙微波背景"（CMB），来自四面八方，携带着100 000年时的宇宙图像。

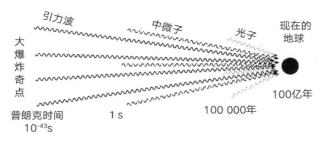

图19　来自宇宙大爆炸的光子、中微子和引力波

　　中微子的穿透本领比光子强多了。总有一天，中微子探测器技术能让我们发现并测量来自大爆炸的中微子。那样的话，它们将为我们带来宇宙在1秒钟时的图像；而在那1秒之前，宇宙对于中微子的生存还是太热、太密了。

引力波的穿透力比中微子还要强得多 —— 根据我的俄罗斯朋友泽尔多维奇 (Yakov Borisovich Zel'dovich) 和诺维柯夫的计算，它们从来不会被任何宇宙物质所散射和吸收。它们可以从宇宙最早的时刻 —— 大爆炸的奇点 —— 开始，毫无损失地在宇宙穿行。因此，它们可能为我们带来宇宙诞生的图像 —— 那诞生的阵痛，在 10^{-43} 秒（所谓的"普朗克时间"）的时间里，毁灭了奇点，创造了空间、时间、物质和辐射。

大爆炸的引力波，不论多么微弱和稀薄，在宇宙的第一秒时间里都应该放大增强了。这种放大（我的俄罗斯朋友格里什丘克 (Leonid Grishchuk) 在 20 世纪 70 年代预言的）是波与时空弯曲的非线性相互作用产生的，它为我们探测足够强大的引力波带来了希望。这也引出我的下一个预言 —— 实际上是一个有根据的猜想，因为我对它不像对我说的预言那么有信心。

猜想 6：　在 2008 ~ 2030 年间，　我们将观测到来自大爆炸奇点的引力波。　这将开辟一个新的时代，　至少延续到 2050 年。　在这段时间里，　我们将努力在 100 米到百亿光年的波长范围观测原初引力波的波谱（即波的强度作为波长的函数），　然后画出天空的波强度模式图。　这些工作将揭示大爆炸奇点最隐秘的细节，　从而确立某种形式的弦理论是正确的量子引力理论。　它们还可能揭示宇宙在最初 1 秒钟的众多现象。[1]

---

1. 我在生日会的讲话里已经修正了这个猜想，因为在那以后和本书出版前的几个月里，我们有了一些新的发现。

我为什么对发现大爆炸奇点的引力波的时间那么没有把握呢(从 [139]
2008~2030年)？ 因为我们对奇点的性质和1秒钟的宇宙几乎一无
所知。物理学的当权者们喜欢关于那1秒钟的所谓"暴胀"模型，它预
言大爆炸引力波实在太弱，需要2030年的技术来观测。然而，我很
怀疑这些权威的预言，因为暴胀模型没有仔细考虑(还未知的)量子引
力定律。瑞士的维尼奇亚诺(Gabriel Veneziano)等人曾尝试过把弦理
论(我们认为最有可能的量子引力论)纳入大爆炸的物理学。他们的大
爆炸弦模型预言，用2008年的LIGO或2010年的LISA就足以探测那
些引力波了。但是弦理论还在成长，弦模型也不过是初步的尝试，所
以我对它的预言也几乎没有信心。不管怎么说，这些预言也提醒我们，
大爆炸和它的引力波可能远不像权威们的暴胀模型那么悲观；我们很
可能在2030年之前就能发现大爆炸的引力波。

权威们还蛮有信心地告诉我们，在宇宙的第1秒里，一定存在着
各种活动。例如，当宇宙膨胀时，它会从初始的令人难以置信的灼热
高温冷却下来。起初，所有的基本力 —— 引力、电磁力、弱核力和强
核力 —— 都统一在一个力。后来，在膨胀和冷却中，几个力在不同
的时刻猛然获得了各自的独立，也许还在独立中发射出强烈的引力
波。例如，电磁力据说是最后独立的，在宇宙温度冷却到大约10^{16}度 [140]
时，它从弱核力分裂出来，那时的宇宙年龄是10^{-15}秒(千万亿分之一
秒，也叫飞秒)。在"电磁力的诞生"中产生的引力波，应该落在今天
的LISA波段内，而且可能很强，LISA可以探测它，并能通过它来"观
看"电磁力的诞生。

来自大爆炸奇点的引力波虽然有望成为跟踪量子引力定律的一条

途径。但还远远不能肯定。假如还有别的奇点可以跟踪，当然就更好了。

在今天的宇宙发现和研究奇点，还有几分希望呢？ 权威的回答是"可能没有"，也就是彭罗斯的"宇宙监督原理"的意思。那原理说，除大爆炸而外，所有奇点都隐藏在黑洞的内部，就是说，它们披着视界的外衣。不存在裸露的奇点。

1991年，霍金、普雷斯基尔（John Preskill）和我为宇宙监督打赌，见图20。霍金站在物理学权威一边（他甚至被封为"英女王陛下的荣誉随从"），主张"裸奇点是 …… 物理学定律所禁止的"；普雷斯基尔

141

Whereas Stephen W. Hawking firmly believes that
naked singularities are an anathema and should
be prohibited by the laws of classical physics,

And whereas John Preskill and Kip Thorne
regard naked singularities as quantum
gravitational objects that might exist unclothed
by horizons, for all the Universe to see,

Therefore Hawking offers, and Preskill/Thorne
accept, a wager with odds of 100 pounds stirling
to 50 pounds stirling, that when any form of
classical matter or field that is incapable of
becoming singular in flat spacetime is coupled to
general relativity via the classical Einstein
equations, the result can never be a naked
singularity.

The loser will reward the winner with clothing to
cover the winner's nakedness. The clothing is to
be embroidered with a suitable concessionary
message.

Stephen W. Hawking   John P. Preskill & Kip S. Thorne
Pasadena, California, 24 September 1991

图20 1991年打的赌： 霍金坚持宇宙监督猜想， 而普雷斯基尔和索恩表示反对。 ［引自《黑洞与时间弯曲》(Black Holes and Time Warps： Einstein's Outrageous Legacy， Kip S. Thorne版权所有)， 经W．W．Norton & Company， Inc.许可使用。 以下凡引此书插图均同 ］

和我却跟他们对着来，坚信裸奇点是"可以不穿视界外衣的量子物，整个宇宙都能看见"。

现在，普雷斯基尔和我还远不敢相信能赢，而霍金却在1997年认输了（图21左），尽管少了几分风度。我们的赌约规定，"输家给赢家一件蔽体的衣服，绣上恰当的认输的字句。"霍金给我们的衣服却是一件不太雅观的T恤衫。夫人不许我们公开穿出来，不过我要在这儿把它展示出来，让整个世界都能看见（图21右）。霍金虽然勉强承认物理学定律允许裸奇点，但T恤衫写的却是"宇宙憎恶裸奇点"—— 今[142]天他仍然那么说。这当然不是"恰当的认输的字句"。

为了解释霍金的主张，我在图22中画了促使他认输的证据的草图。证据来自超级计算机模拟的一个坍缩的球状波脉冲（图22a）。起初的模拟是得克萨斯大学丘普图克（Matthew Choptuik）做的，是数值相对论的一项绝技，远比从前所有的相对论数值计算精确。然而，它

图21　左：霍金承认他和我们打的宇宙监督的赌输了，索恩高兴地向他鞠躬，普雷斯基尔笑着站在一旁。右：霍金输给我们的不太雅观的T恤衫。［左图是南加州大学Irene Fertik在加州理工学院拍摄的］

们模拟的是一种简单的波，一种"经典的标量波"，可能并不存在于我们的宇宙。后来，北卡罗莱纳大学的亚伯拉罕（Andrew Abrahams）和伊万斯（Chuck Evans）又做了模拟，模拟坍缩的引力波，得出了相同的结果。

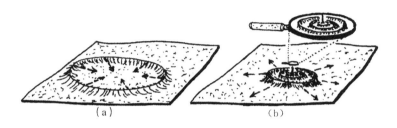

（a）　　　　　　　　　　（b）

图22　超级计算机模拟的坍缩波草图，这个结果促使霍金承认物理学至少在原则上允许裸奇点的存在

　　当坍缩波的振幅很大时，会包含大量的能量，坍缩的动力学非线性特征将产生一个被黑洞视界遮蔽的奇点，这是所有引力物理学家意料中的事情。如果波的振幅小，它们只能包含很少的能量，那么波将向内传播，彼此穿过而不被任何非线性所破坏，然后重新流到外面来。这也是意料中的结果。

　　如果小心调整波的振幅，使它无限小到低于产生黑洞所需的高度，奇迹就发生了。这时，正如图22b画的，坍缩的波发生非线性动力学相互作用，结果产生沸腾的时空弯曲泡沫，而波就源源不断地从那些泡沫中漏出来。近距离考察中心点的泡沫，可以发现波长在收缩 —— 以一种令人惊讶的规则方式连续而快速地收缩 —— 直到产生一个无穷小的裸露的奇点，(我们猜想)它只能存在无限短的时间就把

143

自己毁灭了。

以这些机器模拟做指南，我们回头来看克里斯托多娄（Demetrios Christodolou，我以前的一个博士后，现在是普林斯顿大学数学教授）以前拿铅笔加稿纸做的爱因斯坦方程的研究，可以看到，那些研究证明了波的坍缩能产生裸奇点。只有在数值模拟完全揭示了坍缩波泡沫的所有细节以后，我们才明白了克里斯托多娄的数学想要说的事情，这是数值相对论的一大功绩。多谢丘普图克、亚伯拉罕和伊万斯们，他们使计算机成了多么神奇的工具！

那么，霍金为什么还坚持认为自然憎恶裸奇点呢？因为，为了让奇点裸露出来，做模拟的朋友们不得不精确调整坍缩波的振幅（图22b）。如果振幅大一点儿，奇点也能产生，不过要藏在黑洞的视界里；如果振幅小一点儿，波会在相互作用中沸腾，然后爆炸，不可能产生任何奇点。只有某个精心选择的振幅能产生裸奇点，而那奇点的尺度、能量和（假定的）寿命，都将是无限小的。如此精心的振幅调节根本不像自然发生的事情 —— 尽管它可能在高度发达文明的实验室 [144]里出现。遗憾的是，人类文明还完全不可能制造和调节那样的波 ——不论在今天、明天、下一个世纪还是下一个千年。

霍金、普雷斯基尔和我都固执地坚守自己的追求。也从不忘打赌的乐趣。于是，我们新订了赌约（图23）。霍金现在认为，假如我们不去精心调节波的振幅（也就是赌约里说的"一般初始条件"），就不可能产生裸奇点。这意味着它们不可能自然出现。普雷斯基尔和我还是不同意，我们要求下次一定要在衣服上绣出真正认输的句子。

Whereas Stephen W. Hawking (having lost a previous bet
on this subject by not demanding genericity) still firmly be-
lieves that naked singularities are an anathema and should
be prohibited by the laws of classical physics,

And whereas John Preskill and Kip Thorne (having won the
previous bet) still regard naked singularities as quantum
gravitational objects that might exist, unclothed by hori-
zons, for all the Universe to see,

Therefore Hawking offers, and Preskill/Thorne accept, a
wager that

*When any form of classical matter or field that is inca-
pable of becoming singular in flat spacetime is coupled
to general relativity via the classical Einstein equations,
then*

A dynamical evolution from generic initial conditions (*i.e.,
from an open set of initial data*) can never produce a naked
singularity (*a past-incomplete null geodesic from* $\mathcal{I}_+$).

The loser will reward the winner with clothing to cover the
winner's nakedness. The clothing is to be embroidered with
a suitable, truly concessionary message.

Stephen W. Hawking　　　John P. Preskill & Kip S. Thorne

Pasadena, California, 5 February 1997

图23　1997年的新赌约。霍金仍然坚信宇宙监督猜想，普雷斯基尔和我反对。
斜体字用了理论物理的专门名词，意思表达更准确了。[1]

145　　关于我们打赌的结果，我还要斗胆提出一个预言。

---

1. 这个1997年版(2月5日，加利弗尼亚帕萨迪纳)的赌约说：

鉴于霍金(因为没有要求一般性，已经输掉了前一次)仍然坚信裸奇点令人讨厌，应该为经典物
理学定律所禁止；而普雷斯基尔和索恩(上次赢了)仍然将裸奇点作为应在整个宇宙存在的不被视
界遮蔽的量子引力物，霍金特向普雷斯基尔和索恩打赌：

**如果不可能在平直时空发生奇异的任何形式的经典物质或场通过经典爱因斯坦方程与广义相对
论相结合，那么从一般初始条件(即从一个初始数据的开集)出发的动力学演化，绝不可能产生裸
奇点(从 $\mathcal{I}_+$ 出发的过去不完全的零测地线)。**

输家应给赢家一件蔽体的衣服，衣服上必须绣出恰当的真正认输的句子。(签字)

　　　　　　　　　　　　　　　　　　　　　　　　　　　　　　　　—— 译者

预言7：在霍金、普雷斯基尔和我还健在的时候，我们关于宇宙监督的新赌就会有结果。谁会赢呢？恐怕是霍金，但那不是显而易见的，而我也不会拿预言来破坏我们的赌约。但我还是要预言，为了了结我们的游戏——发现裸奇点能否不通过振幅的微调而产生——还需要三样工具：铅笔加稿纸的计算、数值相对论的计算、引力波的搜寻。

搜寻引力波，是LIGO计划的一部分，为的是描绘大质量黑洞周围的弯曲时空的详细地图（见图5和图7）。如果这些地图中间有一张或几张跟广义相对论的黑洞预言不同，那么小黑洞飞旋着落进去的中心物体，可能就不是大质量的黑洞，而是裸露的奇点。这种可能性很小，但我们很快就会拥有寻找它们的工具，所以我们愿意去寻找。

现在我来谈我的最后一组预言，都是关于量子引力定律的，看它们能给我们带来什么。

预言8：到2020年，物理学家将认识量子引力定律，会发现它是某种形式的弦理论。2040年时，我们将满怀信心地用这些定律来回答许多深层的疑难问题，包括：

· 产生空间、时间和宇宙的大爆炸奇点的真正本质是什么？

· 大爆炸奇点之前有什么？真的存在什么"之前"的事物吗？

· 存在其他宇宙吗？假如是的，它们与我们有什么关系？又如何与我们的宇宙发生联系？

　·黑洞内部的奇点的真正本质是什么？

　·能从黑洞内部的奇点产生出其他的宇宙吗？

　·物理学定律允许高度发达的文明制造并维持用于星

际旅行的虫洞吗？允许他们制造能回到过去的时间机器吗？

146　　　虫洞和时间机器的问题，在本书前面的诺维柯夫和霍金的文章里，在我的《黑洞与时间弯曲》的最后一章里，都做过详细的讨论 —— 它们也是任何喜欢好莱坞电影和电视节目的人们所熟悉的东西。图24是从我那本书里借来的一个开心的虫洞的例子。

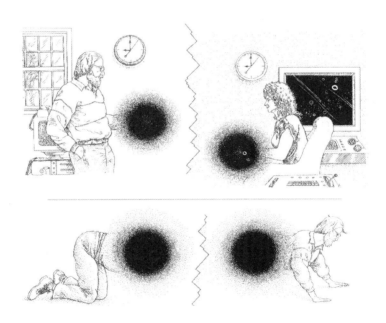

图24　上：卡洛丽乘飞船去宇宙旅行，我留在地球的家里；我们通过虫洞握手。下：我从地球爬出虫洞进入飞船。　［引自Matthew Zimet为《黑洞与时间弯曲》画的插图］

　　我的妻子卡洛丽和虫洞的一端在远离地球的一艘飞船上，我呆在帕萨迪纳的家里，靠着虫洞的另一端。经过虫洞的距离很短，当卡洛丽在星际空间游荡时，我能通过虫洞和她浪漫地握手（图24上）。假如我们想在太空相逢，我还可以通过虫洞爬进她的飞船（图24下）。

　　我在书中解释了爱因斯坦时空弯曲定理的一个重要结论：为了使虫洞向我们这些旅行者开放，它必须是用"奇异材料"做的——那样的材料，从静止于虫洞内部的人看来，有着强大的橡皮筋似的张力：比它巨大的能量密度还大的张力。（我没有探讨过我是否真的可以毫无损伤地爬过那些奇异物质，因为我们对它们还知道得太少。）

　　霍金在文章里讲过，我也在书中讨论过，我们确实知道那种奇异物质能在非常特殊的环境下少量地存在。然而，权威的物理学家们却很怀疑，他们认为物理学定律可能不会让我们在足够长的时间里聚集足够多的奇异物质，这样，就不可能维持一个开放的人体大小的虫洞。这个偏见的一个理由是，如果一个人不是静止在奇异物质中，而是高速地穿过它，那么他将看到负的能量密度。这意味着它违背了霍金讨论的"弱能量条件"，而物理学权威们跟那个条件有着深厚的感情。

　　从我写那本书的时候起，我的几个物理学家朋友就在努力去发现，物理学定律是否允许先进的文明把足够的奇异物质装入开放的人体大小的虫洞。最后的答案还没有到来，在完全认识量子引力定律之前，可能也不会有完整的答案。不过，试探性的结果还是有的，主要来自我以前的学生弗兰纳甘（Eanna Flanagan），我的朋友瓦尔德（Bob Wald）、福德（Larry Ford）和罗曼（Thomas Roman），似乎说明虫洞的希望很渺茫。

尽管如此，我还是很乐观。如果一定要猜想（我今天一直在强迫自己做猜想），我会提出不太有根据的

148　　　　猜想9：我们将证明，物理学定律确实允许在人体大小的虫洞内存在足够的奇异物质，从而保持虫洞的开放。但我们也将证明，制造虫洞和打开虫洞的技术远远超越了我们人类文明的能力。

我为什么对存在大量奇异物质感到乐观呢？也许主要是因为，最近的宇宙学发现激发我相信，我们其实并不知道宇宙能存在什么类型的物质。

大约只有5％的宇宙物质属于构成人类的物质 —— 所谓"重子物质"（分子、原子、质子、中子、电子，等等）。大约35％是未知形式的"冷暗物质"，它们（跟重子物质一样）可能被引力吸引在一起形成包围在星系周围的晕，也可能形成不发光的暗物质"星系""恒星"和"行星"。至于其余60％的宇宙物质，它们同样是某种未知形式的"暗能量"（宇宙学家们这样称呼），遍及整个宇宙，具有强大的张力。[1]它

---

1. 在本文的口头报告里，我曾预言，到2002年时，暗物质存在的问题将完全明了。我在书稿里删除了那个预言，因为本书在2002年1月出版的时候，宇宙学观测已经高度可靠地证明了它的存在。现在预言暗能量的真实性，大概不需要2000年时的那股勇气了。[最近，匹兹堡大学Ryan Scranton和他的伙伴们发现，大爆炸留下的微波背景辐射在星系多的地方要稍微热一点儿。根据暗能量的假设，存在暗能量的地方，引力势阱比其他地方浅（换句话说，暗能量的作用是对抗引力的），光子经过这个区域会少损失一些能量。这是我们目前关于暗能量的第一个物理学证据。—— 译者]

们的张力比能量密度更大吗？是不是开放虫洞所需要的那类奇异物质？我们不能肯定，但权威的物理学家们却坚定地相信，它们的张力等于能量密度，或者也许还小一点儿，但不会更大。我想说的是：大自然慷慨地在宇宙的每个角落为我们留下了奇异物质，我们该是多么的幸运！

不管怎么说，暗能量让我看到了奇异物质可能大量存在的希望。为什么呢？理由很简单：暗能量在警告我们是多么无知。

那么时间机器呢？在《黑洞与时间弯曲》里，我描述了一个一般的机制，那是我的博士后金成旺和我在1990年发现的，它似乎总是让时间机器在我们要启动它的时刻产生自我破坏。霍金在他的文章里以抽象的字眼讨论了这种机制："一般说来，能量动量张量在柯西视界是发散的。"更直观、更令人信服的描述是图25。

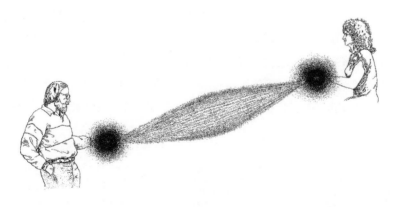

图25　在初次启动时刻自我毁灭的时间机器。［Matthew Zimet 为《黑洞与时间弯曲》画的插图］

卡洛丽的飞船浮在星际空间，附近没有大质量的物体，她的时间以正常的步调流逝着。而在帕萨迪纳的家里，因为地球的巨大质量，我的时间要比她的流得更慢。正如诺维柯夫在文章里讲的，过一会儿，时间流的差别就会将虫洞转化为时间机器：卡洛丽可以爬过虫洞回到过去，然后爬进另一艘飞船，飞到太空里去会见她年轻的自己。

在卡洛丽的飞船中，有那么一个时刻 ——"时间机器启动"的时刻，也就是时间旅行成为可能的第一个时刻。在这个时刻，一束以光速飞行的辐射(这是一切事物中飞行最快的)，将穿过从飞船到地球的虫洞，然后以光速通过星际空间飞回飞船，在它出发的同一时刻到达那里。[1] 结果，一束辐射将出现两个状态，一个新的，一个旧的，出现在空间和时间的同一个点。然后，两个状态的辐射束穿过虫洞又回来，形成4个，然后8个、16个……结果产生大量的辐射，根据我和金的计算，它们具有的爆炸能量足以把虫洞毁灭了。

不过，我们的计算基于尚未结合成统一形式的广义相对论和量子理论。1990年，金和我在检查我们的计算时猜想，那个"残缺"的量子引力定律，也许会在时间机器毁灭之前阻止爆炸的发生。霍金不同意那样，他向我们提出一个更有说服力的观点 —— 使我们相信，量子引力只能在时间机器处于毁灭边缘的那个最后的时刻发生作用。看来，量子引力似乎紧紧把握着问题的答案。只有在完全理解了量子引力定律以后，我们才可能知道时间机器的命运。

1.实际上，正如我在书中讲过的，正是辐射场的"真空涨落"产生了第一次旅行并自己叠加起来。

　　那是1994年我的书出版时的情形。在过去的6年里，新的计算带来了相互矛盾的线索：一方面，如霍金在文章里说的，"大概有人猜想可以存在那样的量子态，它们在[柯西]视界处的能量密度是有限的[就是说，那种状态下的时间机器不会走向自我毁灭]，确实有这种情形的[计算的]例子。"先进的文明也许能通过构造这样的量子态而成功制造并启动时间机器。但这些量子态似乎是不现实的，我不太相信能在现实宇宙中产生它们。

　　另一方面，霍金和他的学生卡西迪以勉强而软弱的量子引力定律来评估他们关于自我毁灭的论证。他们那个量子引力定律预言，时[151] 间机器能有一丁点儿的机会躲过自我毁灭的命运 —— 那概率等于 $1/10^{60}$，即一万亿亿亿亿亿亿亿分之一。我们能相信这样的计算吗？我不知道，不过它大概是我们目前关于时间机器命运的最好指南了。

　　今天所有形式的量子引力定律都是勉强而软弱的，但它们正随着时间的进程变得越来越强壮，到2020年(假如我的预言8是对的)，它们将完全确立起来。那时候，关于时间机器它们会告诉我们什么呢？我想提出

　　　　猜想10：我们将证明，物理学定律严禁回到过去的时
　　间旅行，至少在人类的宏观世界是这样的。不论多么先进
　　的文明付出多么艰辛的努力，都不可能阻止时间机器在启
　　动的时刻发生自我毁灭。

　　遗憾的是，霍金不会跟我为这一点打赌。原来我们是站在同一边

的。他说服了我，不过也仅仅是有根据的猜想罢了。

好了，我说完了：关于未来的10个预言和猜想。所有的预言将在我下一个大寿（60年以后）之前被证明或否定。探索它们的研究将极大改变我们对时空弯曲和量子世界的认识。

科学的普及   T. 费里斯

科学是年轻的。怀特海（Alfred North Whitehead）估计，一个新的 [153]
思想模式渗透一个文化的核心，需要1000年，而科学成为人们日益
关心的事业，才不过500年。不过，科学至少已经通过技术的、知识
的和政治的三条途径，给世界带来了许多改变。

科学的技术成就带来了发达世界的富裕和健康（尽管不一定带来
了智慧），也带来了更多的焦虑。部分焦虑是因为我们更全面地认识
了技术力量跟所有力量一样，也有它自己的危险。不过还有部分焦
虑源于这样一个事实：太多的人感觉他们生活在机器的包围甚至威
胁下面 —— 他们不了解那些机器的功能，也不了解它们背后的科学
事业。

从知识的角度说，科学开辟了新的思想路线，植根观测和实验
的理性和开放的思想追求，取代了对权威的恐惧、迷信和盲从。结果，[154]
受过科学教育的人们今天发现自己原来被困在一张生命的网里，他们
跳出那张网，来到亿万颗行星中的一颗，身外是一个不知有多大（也
许是无限大）的膨胀的宇宙。对某些人来说，这种新的观点令人欣喜
和振奋，但对另一些人来说，它却在隐约地威胁着什么。他们离开望

远镜，转过头来问，"难道你不觉得所有这一切都没有意义吗？"也许更确切的说法是"没有安全"。科学威胁着要打破的，不但是我们的旧思想（例如，我们占据着宇宙中心的观念），还有旧的思维方式（例如，我们一贯相信，肯定某个事物是真实的，其实关联着我们是否确实能证明它的真实）。两个方面的威胁都确实存在着，我们中间做科学普及的人应该同等地正视它们 —— 当然，假如我们觉得能跟那样的危险和平相处，也可以自由解释为什么。

第三点，也许可以称作科学对政治的贡献，至今还没有广泛讨论过。牛顿《原理》在1687年的出版正好迎来启蒙运动的浪潮：在美洲殖民地和其他地方的民主运动的倡导者中间，一定能看到大量的有着新科学头脑的思想家；在今天的极权国家里持不同政见者中，科学家占了绝大多数。所有这些都不是巧合。科学生来就是反权威的：它以自下而上的体系取代了潘恩（Thomas Paine）归纳为"专制（despotism）"的自上而下的政治思想体系。任何一个人，只要有足够的观察力，能做控制性的实验，都可能成为未来的权威 —— 权威不在于他个人，而在于他的发现。

科学鼓励我们 —— 实际上是要求我们 —— 带着疑问生活，认识
155 我们自己的无知。在某种程度上，这些思想习惯渗透的地方，不仅是科学，还有政治。正如费曼说的，"没有人知道应该如何建立政府或统治政府，美国政府就是在这样的观念下发展起来的。结果是，当我们不知道应该如何统治的时候，就创立一个体系来统治。而创立那个体系的方法，就是让它容许一个系统，就像我们现有的系统一样，新

的思想能在那里产生、检验或者抛弃。"[1]

另外，做科学研究需要自由表达自己的思想，自由与人交流。而且，做物理的人还常有这样的遭遇：告诉你有一半的相关会议不能参加，要求你的科学思想必须服从政府的神圣哲学。自由的追求造就了科学家、作家和艺术家的同盟，也给国家带来了难题：它们想在日新月异的科学和技术世界里竞争，又不想给公民一点儿自由。所以，依我的观点，尽管科学带来了可怕的战争武器，但我们也不要忘了，它让近一半的人生活在民主的社会(一般意义的)里，让我们看到2000年的世界没有发生过国家之间的战争。尽管科学因为原子弹而遭谴责，但它也在为自由而斗争。

总的说来，从技术、知识甚至政治的观点看，科学就在接近我们文化中心的某个地方 —— 所谓"文化中心"，我指的是那些尊重自由、关爱他人的人们所形成的群体，他们知道自己的无知，愿意不断地学习。然而，我们同时也看到，在同样的社会里，多数公民还是远离科学的。

我们每年都能从报纸上读到一些关于所谓"科盲"的东西。例如，[156]我们可能听说，几乎一半的美国人否定人类是从更早的动物物种进化来的，大多数的人不知道太阳系在银河系中，只有四分之一的人听说过宇宙在膨胀。这些事实令人悲哀，而更严重的是，几乎没有人把科学作为一个过程来理解。

---

1. Richard Feynman, *The Meaning of It All : Thoughts of a Citizen Scientist* (Addison-Wesley, Reading, Mass,.1998), p. 49.

对我来说，一个学生不知道太阳系有几颗行星，算不得什么大不了的事情。一来天文学家还在争论冥王星是不是一颗行星，二来学生可以通过错误的方法得到"正确的"答案。他们可以从书本上看到太阳系有九颗行星，还可以从电视节目里听科学家们的权威的声音。以那样的方式获取科学事实，跟奴才学舌国王，或者像教授空谈不存在什么进步（因为尼采和叔本华那么说过），是一样没有意义的。报纸上嘲笑的那些科盲——例如，一个摄制组在毕业那天溜进校园，访问那些带着学士帽、穿着学士袍的大学毕业生，发现他们有好多不知道四季是怎么产生的——之所以令人烦恼，主要是因为它暴露了更深层的问题，他们没有学会怎么去探索那些问题。说到底，想什么并不重要，重要的是怎么想。

有人说我们没给学生讲逻辑，他们不知道如何推理，但问题不在这里。我们在有真正的科学之前几千年就已经有逻辑了，而我们知道的是，逻辑可能产生一系列几乎跟世界没有关系的荒唐结论。换句话说，有无限多个逻辑和谐的宇宙，科学探寻的是我们实际生活在哪一个宇宙。学生如果不懂得这一点，就没有真正把握科学——不管他是否能构造一个三段论，或者能说明氖是惰性气体。对他们来说，科学是一部危险的机器，像听了什么魔咒似地神秘地运行着。难怪有那么多人害怕科学，不相信科学，以至在靠反映大众心理出色的电影和电视中，科学家可能比从事其他职业的人死得更加惨烈，有时甚至死于格斗。

普及科学的动机之一是帮助人们紧跟他们自己的正在进化的文化。当然，这个文化还有许多其他更古老的根源，例如艺术、宗教、哲学和历史。这些是人们更熟悉的东西，已经历了怀特海说的千年历程，所以显得更加自然。但是最自然的不过科学，因为只有科学才向我们说明了自然是如何运动的。科普工作者的部分工作就是帮助大家认识这一点，这样他们能更好地生活在一个完整的世界，而不是一个自我纷争的分裂的世界。

不过，我们这些科普工作者迄今为止还不曾做过什么了不起的事情。几十年来，我们一直在为科学做电视节目、写书，还为杂志写文章，为报纸的科学专栏写故事。然而，我们却发现自己生活在一个令人悲哀的国家。根据某项研究，在最广义上勉强懂得一点儿科学的成年人还不到7%，只有13%的人知道起码的一点儿科学进程，而40%的人相信占星术。

我们错在哪儿了？

当然，首先的一点，我们的力量还很不够。美国大约只有3 000个科普作家，而全世界也许有10 000个，其中很多还是兼职的，白天做自己的工作，晚上给杂志写东西。令人高兴的是，今天的科普作家比以前多了，而且正越来越多地得到了有写作才能的科学家们的帮助，[158]也赢得了更广泛的读者。但我们还应该有新人。

不过，我感觉迫切需要年轻人来写科学，并不是因为老百姓迫切需要更多的科学杂志。实际上，我不太相信能为公众写出好东西。为个人写作已经很困难了，哪里还能让自己肩负起促进普通大众的责任。老子说，"治大国若烹小鲜"，写作也是如此。我们不必琢磨吃鱼对人有多少好处，不必告诉人家应该多吃鱼，我们只需要每次把鱼做好。我曾告诉我的学生，科学是一个伟大的故事——某种意义上的最伟大的故事——为科学写作，可以打开通向其他事物的窗口，至少我有过这样的经历。

我开始做杂志的时候，同事中还能看到很多顽固的老式记者，他们满不在乎缺乏专门的训练，而且看不起任何带有思想趣味的作品。有的人甚至不写：他们把听来的故事告诉所谓的"改写部"，然后形成文章。[1]他们很多——那时几乎都是男的——都是很出色的记者，惯于出没市政厅、法院和警区。但在他们的世界里没有科学。

为了让大家体会一下那个年代的风味，我们来看一个故事。1929年4月，《威斯康星州杂志》的记者采访了正在美国访问的物理学家狄拉克（Paul Dirac），狄拉克不善言辞是出了名的，面对下面的问题就更无话可说了。

159　　记者问："那么，博士，您能用几个词向我说明您所有的研究情况吗？"

狄拉克："不能。"

记者："如果我这样说：'狄拉克教授解决了所有的数学物理问题，却找不到更好的方法来计算贝比·鲁斯（Babe Ruth）的击球成

1."改写部"（Rewrite Desk）在美国报界已经有100多年的历史了。过去，记者不过是采访经验丰富的"跑腿人"，而不是好的写作者。他们把草稿交给改写部，那里的专家就能写出天衣无缝的故事来。据说，许多普利策奖都是那样得来的。——译者

功率 ' ¹，您看可以吗？"

狄拉克："可以。"

记者："您最喜欢美国的什么？"

狄拉克："西红柿。"²

从那以后，我们聪明一点儿了。今天多数记者都有大学文凭，而且我高兴地看到，在美国大多数新闻专业的毕业生都是女的，所以我们记者至少可以夸耀，在开发人类另一半大脑力量的科学领域，我们总算走到前头了。广播新闻媒体，曾经抱着特别强烈的反科学的偏见，如今也开始转变态度了。而那部分原因正在于互联网的作用。1976年7月20日，"海盗号"飞船在火星着陆的时候，广播网的早间节目也在东海岸的天空直播。但是广播者们拒绝播放第一张火星照片，他们说人们不会感兴趣。20年后，当"探路者"在火星着陆时，访问"探路者"网站看火星图片的人数，超过了三大广播网的早间节目的观众。

所以，做广播的人错了。大众对科学是感兴趣的，及时的科学报道也确实有人来看。1995年，国家科学基金会做过一次调查，发现86%的美国人赞同"科学和技术正在使我们的生活变得更健康、方便和舒适"，72%的人认为科学的好处远远大于它的任何危害。从公众 160 的信心来看，科学家的地位名列第二，仅次于医生；跟在后面的是美

1.棒球运动最吸引人的大概在于本垒打，Babe Ruth就是公认的棒球史上伟大的本垒打王。—— 译者
2. *Wisconsin State Journal* , April 30 , 1929. 见 Helge S . Dragh , *Dirac : A Scientific Biography* (Cambridge University Press , Cambridge , 1990) , P . 73 .

国高等法院的法官。(顺便说一句,排名最后的是议会、新闻和电视。)[1]

不过,尽管科学赢得了观众,尽管它在某些方面比过去更好,可老问题依然存在:如何理解科学到底是什么 —— 它走过怎样的历程、它如何认识世界? 这正是本文后面要讨论的问题。

许多美国人想更多地了解科学,但他们还没有充分地熟悉科学,不知道科学研究是做什么的。对他们来说,读干细胞研究报告或气球式的宇宙背景辐射图,就像读板球比赛的记分牌,其实他们没有玩儿过板球,也没见别人玩儿过。把这种情形归咎我们的学校是很容易的,而且也许有几分道理。在美国,只有1/5的中学毕业生学过物理,在学过物理的学生中间,大约只有1/4听过有物理学位的老师讲课,而在那些老师中,只有极少数做过物理学研究。假如在中学橄榄球队中,3/4的教练从没研究过橄榄球,而且没有一个教练参加过比赛,那样的学校橄榄球队还能有什么作为呢?

但中学只不过反映了一个更广泛的事实:科学还没有汇入文化的主流。这样,要把科学引入电视、电影和其他大众文化媒介就困难了。原因很简单:科学太新奇了。这意味着,前沿的科学家们所面临的挑战,对大众来说还是陌生的。观众走进剧场看电影,可以把他对影片里的爱情、体育或战争的输赢的理解,带回到现实生活中来。但科学却不能这样来感受。

161

---

1. 国家科学基金会, *Science & Engineering Indicators*; 1996; 引自 *Skeptical Inquirer*, November/December 1996, p.6-7.

应该怎样面对这样的挑战呢？

我不想鼓吹什么原理，我向大家展示几个我为漫谈这个问题的电影编写的场景，那原是迪斯尼公司策划的关于爱因斯坦生活的长片。影片没做成，我也没写剧本。不过，我确实写过几个场景，借它们来传达爱因斯坦的一些思想。很多场景是系列的特技。我把影片当作一个没有歌唱的歌舞剧，让特技取代了歌唱的位置。换句话说，这些场景是过渡的间歇，观众从爱因斯坦的生活走出来，经过它们走进他的思想天地。

我做的时候明白任务有多难，现在也明白；我也没想它真能帮助观众换脑筋。不过它确实代表了我将科学家的故事和思想结合起来的一点努力。所以，我要引用其中的一点东西。

影片是这样开始的：

> 黑色背景的标题。标题逐渐淡出。黑色的屏幕。一片令人眩晕的白光：我们正在看大爆炸。雷声在宇宙的膨胀、冷却中回荡。一个黑暗的时期降临了，星星点点地闪烁着金色、银色和蓝色的高能粒子火花。
> 主题音乐。
> 星系开始在那黑暗中生成——星火点燃巨大的旋涡，辉煌的类星体在中央发出耀眼的光芒。激波扫过周围的尘埃和气体，在每个星系激发千百万恒星的诞生。爆炸震撼着在宇宙的膨胀中相互分离的星系。在黑色的背景

162

下，大爆炸的光芒，随着宇宙的膨胀，从蓝色变成暗红色，慢慢消失，不见了，只留下空间的黑暗，像一点黑滴落在星系。[1]

我们走近一个星系——在空间穿行的银河系。旋臂像刷子一样扫过一个圆盘。初始的银河系是由蓝色明亮的恒星组成的星系，然后演化成为蓝、红、黄色恒星混合的星系。我们飞翔在银河系的圆盘上空，飞翔在一个金色的中央隆起的上空，飞过外面的两个旋臂，然后飞进圆盘，翔翔着穿过红宝石一样的云彩，那些云像火红的珊瑚树从圆盘中间隆起，新的恒星正在那里诞生。

前面是邻近太阳的恒星。我们穿过金牛座的毕星团——在爱因斯坦的儿童时代，还能在天空看到；后来只有在日食的背景下才能看见它。[2]

我们来到太阳，落在地球上，来到美国，然后轻轻穿过普林斯顿梅瑟街爱因斯坦寓所的屋顶。

特写镜头：一只发黄的旧罗盘。

切换进室内。爱因斯坦书房，夜。罗盘在爱因斯坦手上。他慢慢旋转着它，还像儿时一样地疑惑指针怎么能保持同一个方向。

接着是我们熟悉的一系列爱因斯坦的生活场景——老年的爱因斯坦，一个传奇人物，在普林斯顿的一天。那

---

1. 在水星凌日中，当水星从太阳中央走出来(所谓"食既")时，仿佛一点黑色的油滴，粘在太阳圆盘的边缘，这就是"黑滴效应"。通过这个现象，我们发现了火星上面存在着大气。——译者
2. 毕(Hyades)星团是一个巨大的疏散星团，它的几颗主要恒星构成我们说的"毕宿"(但最亮的毕宿五却不属于它)，距离地球约150光年，肉眼就能看到。它和别的许多疏散星团一样，都靠近银河系的中央平面。——译者

天晚上，晚饭后，爱因斯坦来到书房。不许他抽烟，他却
把烟斗和雪茄藏起来；就在昨夜找烟的时候他发现了那个
罗盘。他拿起烟斗，装上烟，点燃，然后又拿起罗盘。现在，
我们从罗盘的特写镜头开始：

　　指针占满整个屏幕。为了响应地球的磁场，指针在抖
动。镜头拉近：缠绕着指针的线圈占满屏幕。更近：沿着
线圈表面活动的金属像月球的表面一样凹凸不平。随着镜
头的拉近，指针的金属晶体显露出来，像一行屋顶那样整
齐规则。这时，一个晶体占满屏幕，仿佛在一个大教堂里。
我们层层逼近，经过原子，然后达到一个原子核的内部。
原子核在衰变，屏幕突然间充满了白光，跟我们在开头看
见的大爆炸的白光一模一样。

　　镜头慢慢退出，最后又停留在那个罗盘。

　　切换进室内，爱因斯坦童年时代在慕尼黑郊外的房
子，1885年的一个夜晚。5岁的爱因斯坦感冒了，躺在床上。
罗盘在父亲赫尔曼的手上，那是他给孩子的礼物。爱因斯
坦拿过来，翻来覆去地端详，奇怪它的指针总是指向北方。
多年以后他还记得他的反应——"事情的背后一定深深隐
藏着什么"。

　　爱因斯坦：它是怎么工作的？

　　赫尔曼：它反映了地球的磁场。

　　爱因斯坦：什么是磁场？

　　赫尔曼：那是包围世界的一种能量。

　　爱因斯坦：包围整个世界吗？

　　切换到慕尼黑房子的外面，一两天后的傍晚。5岁的

163

爱因斯坦站在门口的草地上，仰望着从逐渐暗淡的深蓝色天空里显露出来的毕星团的恒星。

164 　　特写：爱因斯坦。眼睛里闪着金色的光线。幕后响起母亲的声音，喊他回家。

　　爱因斯坦一边望着星星，一边慢慢走进后门。在他头上是他幻想的图像：地球的磁场从北极伸出，穿过天空，到达南极。它由发光的金带组成，像编织花篮的柳条。孩子走进屋的时候，金带还没有消失。

　下面的场景发生在几天以后，地点是父亲和叔叔在后院建起的一个小小发电厂。

　　室内。白天。发电厂在父亲赫尔曼和叔叔雅各布的指挥下运行。工厂喧闹而繁忙，靠零星的资金维持着，在当时的技术条件下是很艰难的冒险。而且注定要失败。

　　赫尔曼和雅各布在修理一台小电机。小爱因斯坦仔细地看着。

　　爱因斯坦：它是做什么的？

　　雅各布：它能发电，阿尔伯特。看这儿。看见那些磁铁了吗？像这样旋转它们的时候，它们就在线圈里生出电来。

　　爱因斯坦：叔叔，电是怎么从磁铁跑到线圈里去的呢？

　　雅各布：旋转磁铁的时候会产生一个电磁场。

　　爱因斯坦：像罗盘那样吗？

雅各布(兴奋地)：对呀，是那样的，孩子。磁铁产生了电。

爱因斯坦：现在里头有电吗？

雅各布：现在还没有。磁铁必须旋转起来才能发电。我们正在修理它，修好了它才能旋转。

爱因斯坦：那么是运动产生了电。

165

爱因斯坦16岁在意大利的时候，曾幻想自己骑在一束光上，这偶然的奇想激发了后来的狭义相对论。不过我要跳过这些年的场景，走进他的大学时代：

室内，白天，苏黎世理工学院，韦伯(Heinrich Weber)先生的物理实验室。光从窗外射进来，但实验室在阴影中。韦伯在向同学们讲发电机，这是他的重要课程，部分原因是他在学院的这个系是在几家巨型水电厂老板的资助下建立起来的，那些电厂正运行在德国的主要河流。不过韦伯和那时的许多物理学家一样，并不完全明白发电机是怎么工作的。这一点特别令人不安，因为人们不能准确预报投入那么多钱的发电机到底有多大的输出功率。

爱因斯坦逐渐认识到，问题的答案在于麦克斯韦场方程的外推。可是韦伯甚至拒绝讲授麦克斯韦方程。在课堂上，爱因斯坦借麦克斯韦方程向韦伯问起发电机电磁场的性质，韦伯很生气，最后把他赶出了实验室。

在爱因斯坦收拾课本，正要离开的时候……

韦伯：爱因斯坦，你的麻烦在于没人能告诉你什么东西。

166

室内，走廊外。爱因斯坦跑下大厅。

室外，校园，白天。爱因斯坦跑出大楼，从黑暗走进灿烂的阳光和新鲜的空气。从这一刻起，他自由了。

切换到室内，学院电池室，后半夜。韦伯在以自己的身体做与电刑有关的实验。他坐在一种电椅上。

韦伯将电极接在手臂和腿上，为了有良好的导电性，他把接头的部位浸在盐水里。然后，他发出指令，一个助手合上电闸。一千伏特的直流电就这样流过他的身体。爱因斯坦和朋友们躲在楼顶附近的一个角落，看着发生的事情。朋友们很惊讶，爱因斯坦却很平静。他已经明白，这凡人的世界几乎都疯了。

最后，我们来看两个与广义相对论有关的场景：

室外，远离南非海岸的普林西皮岛，白天。爱丁顿(Arthur Stanley Eddington)和他的天文学家伙伴们搭起帐篷、望远镜和摄像机，准备记录日食。阵阵狂风暴雨给他们的工作带来了很大麻烦，帐篷也被吹了起来。乌云遮掩着正在成为月牙的太阳。最后的一刻，云间露出一个小洞，天文学家可以透过它来拍摄日食。

室外，日食在空中显露。月球在太阳与地球间滑行，留下一个巨大的阴影，匆匆掠过大洋，向小岛逼近。毕星团的恒星聚集在日食的周围，光线从太阳那红白耀眼的光环间穿过。当太阳移动到星团的前面，恒星也慢慢爬过天空(我们已经在前面的思想实验里"见过"了)。

室外，日食观测点。全食来了，好壮观的景象，助手们惊奇地望着它。一个助手喊了几次爱丁顿，让他来看；爱丁顿弓着背，正忙着拍照，没有抬头来望一眼。

切换到室内，帐篷里，夜。一间临时暗房。外面下着雨，风吹打着帐篷。爱丁顿埋着头，在冲洗第一批日食照片。他拿起一张湿湿的负片，放在桌上，上面覆一张透明的星图。恒星从它们在天空的正常位置移开了。他又拿来第二张图，爱因斯坦预言的图，把它盖在照片上。恒星落在预言的地方。

167

切换到室内，爱因斯坦在苏黎世的办公室，1919年9月27日。爱因斯坦正在给一个学生，伊尔瑟(Ilse Rosenthal Schneider)，读一本相对论的书。

爱因斯坦(大声读)："爱因斯坦简直莫名其妙。"你看作者是多么恭维！

有人送来一封电报。爱因斯坦打开它，心不在焉地读着。

特写，电报。电报上写着，"爱丁顿发现了恒星在太阳边缘的位移。初步测量结果在0.9～1.8秒。"

爱因斯坦(将电报递过来)：你可能感兴趣。

伊尔瑟接过电报读着。

伊尔瑟：太好了！这正是您的理论预言的结果！

爱因斯坦(玩笑地)：你怀疑吗？

伊尔瑟：哦，不。当然不。不过，假如日食观测没有证明您的理论，您会怎么说呢？

爱因斯坦：我只好为亲爱的上帝感到难过。理论是正确的。

当然，我这里想做的是通过一个著名的人物 ——《时代》杂志的"世纪伟人"—— 把科学与普通大众联系起来，并通过比喻、故事和特技来传达他的思想。目的之一是要说明，他的思想不仅仅是空想 —— 它们还联系着观测和实验。爱因斯坦是坦然的，不是因为高傲，而是因为勇敢。他像一个为了爱情去决斗的传统骑士。他知道实验的判决，正如爱和战争一样，是严酷而危险的。愉快而自信地面对危险，是他工作的一部分。

总之，我想说的是，能写爱因斯坦那样的人是很快乐的。我也很幸运，在过去的年月里能遇见许许多多一流的科学家，他们不但是思想的楷模，也有着动人的个性。很多记者都被迫去发掘秘密和隐私，拉着人家说他们不想让别人知道的事情，在一堆谎言里挑拣事实的真相。不过，虽然科学家也是人，难免有人的弱点，但整个科学却比政治和金融开放得多。科学是一种白洞，在源源不断地涌出信息；而我所遇到的大多数科学家，都觉得有责任尽可能多、尽可能清楚地说明他们所认为的自然的真实情况。

关于这一点，我特别清楚地记起几年前的一天，那时我们在做一部《宇宙的创生》的电影。我们在瑞士日内瓦的欧洲核子研究中心（CERN），组建摄制组需要一些时间，我无事可做，就背我的台词。于是我在走廊漫步，每看见一扇打开的门，里面有人在工作，我就走进去问他们在做什么。虽然工作被一个完全陌生的人打断了，可那些科学家没有一个赶我出去，也没有用粗暴的回答来打发我。相反，他们每个人都耐心地告诉我在做什么研究。我想，假如更多的人都像这样，世界该有多好。

另外，许多科学家还抽时间为一般读者写关于科学的东西。他们这么做，当然也有个人利益的原因，不光是为了金钱和名誉，向纳税的大众报告他们的研究，也是为了把科学写得更加清晰明白。玻尔（Niels Bohr）坚持认为，物理学不论多么虚幻，最终都必须用普通的语言来解释。卢瑟福（Ernst Rutherford）常说，除非我们的理论能让酒吧的服务小姐听明白，否则它就可能没什么意义。最好的科普科学家之一，就是我们这个生日聚会的主人 —— 不仅是因为他的科学贡献，还因为他的人品。我认识基普很多年了，在我眼中，他不仅仅是一个科学家 —— 爱因斯坦相对论打开的膨胀宇宙的一个超级探索者 —— 而是一个正直的人。在那些日子里，我从没听到他说过一句令人丧气的话，从没见他为了自己而贬低同行的工作或者不恰当地抬高自己的工作，他从来不投机、不迷惑、不歪曲、不掩饰。

我本人不相信死后能遇见圣彼得（St.Peter）或别的某个清算我们生命的法官，不过这种判官的念头，为日常的思索提供了极好的标准。因为，最后的问题不仅仅是问你想什么，你怎么做，你做了什么，还要问谁有那些思想，谁有那些行动，谁实现了那些事情。戴奥真尼斯（Diogenes）大白天点着灯笼在市场散步，别人问他干什么，他回答说"找一个人。"[1]他的话到今天还令人费解，通常传说的是"找一个最诚实的人。"不过诚实只是最基本的一点。戴奥真尼斯的意思是，他在找一个人 —— 如果谁能告诉他，"我知道谁做了我的事情，谁有我的思想，谁支持他们，谁为他们负责"，那就是他要找的人。假如戴奥真尼斯那天在市场上遇见了基普，他就可以吹灭他的灯了。 [170]

---

1. 戴奥真尼斯（412B．C．-323B．C.）是古希腊犬儒哲学的始祖，身后留下许多有趣的故事。大白天在雅典大街上提着灯笼找人，只是其中的一个。Diogenes' Lantern 已经成为一个成语。—— 译者

小说家与物理学家　　　　A．莱特曼

171　　索恩大概为公众写过40篇文章。1971年，我有幸成为基普的一个研究生。一天，在秘书的办公桌上，我看见一叠他的"恒星之死"的重印稿，那篇文章曾获得过科普写作奖。今天有许多科学家在为公众写作，但在1972年，人数是很少的。"太有意思了，"我曾私下里想，"基普用那么多宝贵的研究时间来为公众写作。"我记下了。我改变了心目中那个杰出的年轻物理学家的形象：留着红色的胡须，穿着非洲式的长衫，没日没夜地忙碌，在不分行的白纸上写满方程……开学的第一天，他告诉我们这些敬畏他的学生，要叫他"基普"。在科学的阵营里，他的名字是跟下面这些人联系在一起的：泽尔多维奇、布拉金斯基和诺维柯夫。现在，我记下了，基普还是一个作家。当研究生同学李立和我从基普手中拿回我们的第一篇科学论文的草稿，看着满纸的朱红评语，我们更加深了他作为作家的印象。附加的评语说，"你
172 的论文能否被接受，它能产生什么影响，很大程度上要看你怎么写。"我想冒昧地猜测，不论那时还是现在，很少有科学家如此仔细地评价学生的论文质量。

　　我在基普手下的相对论小组做研究生时，已经有了写自己的强烈兴趣。实际上，小时候我就对科学和艺术产生了同样的激情。中学的

时候，我做过火箭，也写过诗歌。双重的兴趣把我的朋友分隔成两群，我自己也常常感觉被分解了。获得物理学博士学位七八年以后，我怀着文学的兴趣从自己的小天地走出来，开始写一些科普随笔。随笔是非常灵活多变的体裁，一篇随笔，可以漫谈，可以沉思，可以浮想联翩，也可以诗情画意。不久，我开始尝试着写随笔，拓展它的内容，写了一些奇怪的东西——一半事实，一半想象，也许该叫童话吧，不过谈的都是科学，尽管有点儿拐弯抹角。科学是一种隐喻，科学是认识世界的方法。大约10年前，我完全离开了坚实的土地，漂浮在绚烂的小说天空。

一天早晨，我醒来时发现自己成了"第二阵营"里的一员。"阵营"是随便说说，作家的阵营跟科学家的阵营是截然不同的。一个积极活动的科学家总与很多别的科学家保持着密切联系，常常跟大家一起在大学或实验室里做研究，为新的研究召开研讨会，通过电话或电子邮件与专业同事们讨论每天的进展，交流未发表的论文，每年参加几个专门的会议。作家就不同了，他们总是孤立地工作。国际笔会（PEN）和作家协会这两大作家组织的成立，主要是为了促进作家的法律和政治权利，奖励作家和作品。多数作家都不参加会议，喜欢一个 [173] 人呆在家里写作。

小说家可能用五年的时间来写一本书。在那五年里，他也许每半年同一两个作家谈谈，给代理人谈几次话，在第四年的时候同编辑谈谈。有时，他也可能参加一个图书节，同三五个作家一起读书。小说家生活在荒漠里，只是偶尔在书刊和评论中认识其他作者的存在。他带着羡慕和嫉妒阅读别人的作品，然后回到他个人的小天地里。这就是作家的阵营。

身在那样的两个阵营里，他们不同的工作方式、不同的思维方式和不同的走向真理的路线令我着迷；同时，他们的种种相似也令我惊讶。我住在波士顿，那个城市两种人物都有 —— 数不清的作家和科学家。有时我坐在地铁里，跟自己玩儿游戏 —— 从身边人物的外表分辨科学家和文学家。那边那位，两眼盯着窗外的黑幕，脸上露出疑惑的神色，穿着绿色的格子短裤，格子花的尼龙衬衫，胸前的衣袋里别着四支钢笔，破旧的公文包10年前就该捐献出去了 —— 我敢打赌，他是理论物理学家。另一位，穿着灯芯绒裤子和花呢夹克的，蓬松的头发，精心修饰的胡须（两天没刮了），身子直挺挺的，紧绷着脸，两眼尖尖地审视着周围的乘客，在一个笔记本上写写画画。我看他的时候，他也看着我 —— 当然了，他是一个作家 …… 但我发现外表的特征并不总是可信的。我收起自己的笔记本，盘算着到肯德尔广场还有几分钟。

174　　　我发现，物理学家与小说家（或者更一般地说，科学家与艺术家）之间的一个巨大差别在于"事物的命名"。大体说来，科学家在努力"命名"事物，而艺术家尽可能避免给事物定什么名字。这种区别表现在许多方面，我只谈几点。

我们采集一个事物的样本，经过蒸馏提纯，清晰而精确地将它分辨出来 —— 这就是事物命名的过程。然后，拿只盒子把它包起来，宣布"这盒子里装的就是某某东西，不在盒子里的，就不是那种东西"。例如，我们考虑"电子"这个名词，它是一类亚原子粒子。据我们现在的认识，宇宙间数不清的电子都是相同的，只有唯一的一种电子。对一个现代物理学家来说，"电子"这个词就意味着一个特殊的方程，带场算子的狄拉克方程。这个方程以精确定量的数学形式总结了我们关于电子的一切知识，包括每一个相互作用和每一点出没的位置——可以通过粒子加速器和各种电磁测量仪器来观测。不同类型原子的电子的能量、电子在特殊磁场和电场下的偏转和扭曲、"无中生有"的电子和反电子的重新消失——所有这一切，都能用那个带场算子的狄拉克方程，在小数点后面许多位上做出精确的预言。我们可以讨论电子的方方面面，例如，它像陀螺那样旋转，还是在自己内部翻转？是沿着轨道运动还是盘旋？是像扩散的波还是像密实的罂粟籽？不过狄拉克方程还有电子的更精确和客观的表示。在真实的意义上，"电子"就指那个方程。现代物理学家认识并喜欢狄拉克方程。科学家的目标是以那样的精确来表达宇宙间的一切物理事物。能像那样去命名一个事物，真是极大的满足，是力量的体验，当家做主的感觉。 [175]

　　小说家们面对的事物和概念是不可能那样来命名的。小说家也许用"爱"或"怕"，但这些名词不能向读者传达多少东西。一方面，世间有着千般的爱：对母亲的爱——当你第一次离家去夏令营的时候，她每天都在挂念着你；还是对母亲的爱——当你醉醺醺开车从舞会回来，跟跄着走进家门的时候，她扇你一记耳光，然后又拥抱你；对恋人的爱——你们刚才还在约会；对朋友的爱——他给刚离异的你带来安慰，等等。不过，妨碍小说家命名事物的真正原因并不是那么多不同的爱，而是爱的情感，每一种爱的特别的感觉、特别的渴望——都需要向读者表达出来，不能靠命名，而要靠人的行动。

　　假如爱是表现而不是表白，每个读者都将体会它，而且能以自己的方式去体会。每个读者都能写出自己的爱的经历和挫折。爱在不同的人意味着不同的东西。每一个电子都是相同的，而每个人的爱是不同的。小说家不想消除那些不同，不愿像狄拉克方程那样，抽象出一个唯一的清晰的爱的意思，因为没有什么干瘪抽象的东西能代表爱。任何抽象的企图都将破坏读者的真情流露，扼杀读者读优秀作品时经历的那种参与创作的激情。从某种意义说，小说在读者读过以后才算完成，而每个读者是以不同的方式来完成小说的。

176　　那么，"名"与"不名"跟电子的相似与爱的多样比起来，牵涉着更多的问题。即使同一个读者，他在生命的不同阶段也会有所改变，他的经历和他与世界的关系在改变，于是，一个故事，一个角色甚至一个词，对他来说都随时改变着。我参加过现代语言学会（那是一个文学批评家和英语教授的顶尖的专业组织）的一个会，其中有一个关于科学与文学的讨论会。一个教授站起来说，理想的科学作品，与精确的世界打交道，应该简明、清晰和准确，读者只需要读一次就够了。而理想的文学作品，例如小说，应该令读者觉得需要一读再读，因为它描写了人类行为的复杂和模糊，而在不同的生命时段，每读一回，读者都将有不同的感受，有不同的收获。

　　我再拿一个例子来说明"名"与"不名"之间的区别。我用论说文来说明科学写作。一篇论说文，像科学作品一样，以归纳和演绎推理的方法来描写世界。我们站在一定的立场或观点，按照逻辑次序来组织论证，集合事实和证据来说服读者相信每一个论断，引导读者沿着直接或不那么直接的路线，从起点接近越来越复杂的终点。我们都知道，在论说文写作中，把主题句写在每一段的开头是很好的形式。从作用上说，主题句概括了一段的思想。从一开始，就要告诉你的读者，在这一段里他将看到什么，应该怎样组织他的思想。

但在小说写作中，主题句通常是要命的败笔。因为小说的力量在于情绪和感觉。你想让你的读者感觉你的述说，倾听它，品味它，然[177]后走进场景。你想在不知不觉中把你的读者领进你的魔幻空间。每个跟进来的读者，因为生活阅历不同，会有不同的旅程。如果一开始就告诉他应该怎么思考某件事情，就会破坏他的旅程。假如作品蕴涵着某个思想 —— 正如有人物和情节一样，许多小说也是有思想的 —— 你不会拙劣地把它写出来，而是让它慢慢地渗透字里行间，这样你的读者只有一遍又一遍地寻找那些出没的思想。写了主题句，你的读者就失去了他自己的想象和创作的空间。两种写作的区别可以拿人的身体来比拟：写论说文时，你希望走进读者的大脑；在自由创作时，你想绕过大脑，走进脾胃和心脏。

与"名"的思维方式密切联系的，是通过提问和回答来建立问题的传统。科学家的工作通常是发现问题，然后把问题分解开来，让每一个碎片都能表述为一个有着确定答案的确定问题。实际上，许多科学竞技就是充分精确和清楚地提出问题，确保解决它。世界就这样从那些可解的问题一点点地建立起来。例如，恒星如何随时间而改变？这就是一个典型的科学问题。它能分解出的一个碎片问题是，在一定化学组成、一定压力和一定中心密度的情况下，恒星具有什么结构？这是一个非常确定的问题，有确定的解。它还能分出另一个碎片：在一定温度和密度下，一定的氢氦混合物的核反应速率是多少？ 等等。

¹⁷⁸ 科学家在做学生的时候，老师就教导过，不要为那些不会有明确答案
的问题浪费时间。

　　但艺术家通常并不关心答案，因为并不存在确定的答案。一部小
说或者一幅画的思想，因为人性固有的模糊而显得复杂。实际上，微
妙的内心矛盾和不确定性给我们的生活带来了趣味。正因为这些，我
们才会为一部好小说的人物活动没完没了地争论下去，我们才会从内
心响应戈尔或布什；也因为这些，上帝才在夏娃眼前拿着苹果却不许
她吃。在艺术家看来，有许多有趣的没有答案的问题，例如，爱是什
么？ 活1000岁是否更幸福？ 为什么落日那么美？ 实际上，对许多艺
术家来说，问题比答案更重要。正像诗人里尔克（Rainer Maria Rilke）
在100年前写的，"我们应该努力去喜欢这些问题本身，就当它们是
紧锁的房间，就当它们是用稀罕语言写的书。"[1]

　　有没有确定的答案，两者的差别影响着科学家和艺术家的日常生
活。当我做物理学家时，常常会为一个科学问题困惑，从早到晚为它
费尽心思，无暇考虑别的事情。当整个黑暗的世界都睡去时，我还埋
头在餐桌上的铅笔和便笺之间。我不觉得疲惫，像浑身充满了电，一
直工作到天明。

　　当作家的时候，即使写得很顺，我每次也最多写6个钟头。然后
我会感觉精疲力竭，捉摸不定的东西会模糊我的想象。于是我闭目养

---

1. Rainer Maria Rilke, *Letters to a Young Poet*（W．W．Norton，New York，1962），p．35．（1902
年秋，维也纳陆军学院的一个学生把诗寄给里尔克，请他批评。里尔克在后来的5年里给他的系列
回信，在1929年作为《给一个青年诗人的信》而流行开来。这里引用的话，写于1903年7月16日，
后面引用的那封，写于1903年2月17日。——译者）

神，等着句子跃然出现在纸上。

　　但是做科学家时，我可以为一个问题劳神很多天，而且没有间歇，因为我想知道答案。我想知道物质怎么飞旋着落进黑洞，正负电子气的最高温度有多高，星团慢慢坍缩之后会留下什么东西。面对新的问题，暂时的痛苦总是难免的，但我知道一定有答案。我知道方程必然会引出答案，以前从来不知道的答案，一直在等待着我的答案。在大多数别的行业里，我们很难看到那样的信心和力量，很少经历那样紧张的拼搏。

　　我经历了科学，经历了事物命名的不同方法，也为做小说家而不停地挣扎。在我的写作经历中，在我的整个生活中，不论动力还是阻力，都来自两条路线的矛盾的"张力"：理性与直觉、逻辑与非逻辑、确定与不确定、线性与非线性、刻意与随意、可预测与不可预测。感受这些张力，就像感觉自己躯体里的肠胃在扭曲，总像精神在骚动。我已经习惯了这种不安的生活，那可能就是力量的源泉。随着时间的流逝，我慢慢相信了确定与不确定都是世界所需要的。这种观点也许在大多数人看来是显而易见的，但对经过科学训练的某些人来说，却不那么容易明白。

　　即使同为作家，小说家与非小说家之间也存在很大差异。我写随笔、评论或者科学杂谈的时候，我知道我可以研究一个题目，收集材料，准备提纲。一句话，我受着约束。我很清楚要到哪儿去。写小说时，我不会感觉有什么约束，我不能预料会发生什么事情。我知道必须让小说的角色有充分的自由，让他过令我也惊讶的生活。于是，有

180　的角色可能不喜欢我定的规矩，他也许会做一件把整个情节或整本书都搅乱的事情。我会因此而感谢他，然后悄悄退出来。写小说令我紧张。它使我快乐，紧张地快乐。

现在来看，一个在确定与不确定的性格间游移的人，如何塑造他的角色。在初稿里，我有一个角色的轮廓。那只能是一个轮廓，因为人物的个性是通过他在不同情景下的行为决定的。假如我不能事先知道一个角色后来会做什么，我就不可能把握这个角色。经过了初稿的痛苦和意外，我对角色有了更好的设计。在第二稿中，因为认识更深了，我会重塑角色，修正原来不恰当的对话，改换现在看来矛盾的情节。第二稿以后，我会进一步加深对角色的理解，做进一步的修改。角色就这样通过一系列的逼近而塑造出来了。

以这样的方式来发展角色，我自己也觉得可疑。它似乎太逻辑化了。塑造一个好的角色，我并不在行。我发现创造一种场景和氛围更容易。我认为独创性比别的什么都重要。经过科学训练的人大概都希望，在我的作品中思想应该是第一位的。但是在小说中，思想却像烈性炸药，需要小心翼翼去把握。假如角色成了作者卖弄学问的传声筒，那么他的思想也就把一个故事或一部小说给毁了。小说家的思想倾向最好不要闯到读者面前来招摇，而应该不声不响地从后门溜进来。

现在我想谈谈物理学家和小说家的共同基础。

俗话说，小说家创造一切，物理学家什么也不创造。两个观点都错了。想象力和创造力，不仅是优秀小说家的特征，同样也总是优秀物理学家的特征。另一方面，正如物理学家必须遵守自然规律，小说家也必须服从我们认识的一系列关于人性的真理。[181]

　　理论物理学家特别工作在思想的世界，一个抽象的数学的世界。物理的实在是通过简单直观的模型或一行行数学方程来表达的。例如，物理学家可以想象悬挂在弹簧上的重物上下振动，而且可以用一个方程把这幅思想图像确定下来。如果讨厌空气的摩擦，还可以想象真空里的重物。在理想的真空里不会真的存在什么挂在弹簧上的物体，但在物理学家的头脑中却有着千千万万。

　　爱因斯坦经常强调他所谓的思想的"自由发明"有多重要。这位大物理学家相信，我们不可能仅凭观察和实验到达自然的真理。反过来，我们需要从我们的想象创造概念、理论和猜想，然后才能拿这些思想产物来面对经验。

　　爱因斯坦在科学的自由发明的最好例子，是他在狭义相对论的创造——那个理论带来了崭新的时间和空间概念。理论从一个令人惊奇的假设开始：不论光源和观测者如何运动，所有光线的速度都是相同的。爱因斯坦说它是"假设"，因为那时还没有一个实验证据需要它。其实，多数实验证据似乎证明了相反的事实。比如，当运动的物体是抛出的篮球时，它经过观测者的速度依赖于抛球者相对于观测者的速度；当运动的物体是运动的水波时，它经过观测者的速度依赖于观测者本人通过水面的速度。

　　爱因斯坦关于光速不变的假设违背了所有的常识。然而他发现，[182]

常识在极端高速（如光速）的情形也可能是错的，于是他通过想象而创造一个假设。他从奇异的假设推导结果，发现不得不修正那个标准的时间概念 —— 时间是绝对的，1秒就是1秒。在这里，实验还是不能提供任何线索，因为时间节律的差别太小了，不可能测量。当然，爱因斯坦受过某些电磁学实验的影响，也知道光是传播电磁能量的波，但这些实验都不需要他那大胆而独创的假设。

更近的物理学自由发明的例子是弦理论。物理学家在那个理论中提出，自然的基本物质单元不是亚原子粒子（如电子），而是微小的1维的弦。这些假想的基本弦的典型长度是 10^{-33} 厘米，原子核大小的万亿亿分之一。不消说，这么微小的弦，谁也没见过，也不可能看见。弦还有一个特点，它们所在的宇宙至少是9维的，比普通的3维多6维。我们看不见多余的维，因为它们卷曲成了极小的弦圈。

南部阳一郎（Yoichiro Nambu）、尼尔森（Holger Nielsn）、苏斯金（Leonard Susskind）、施瓦兹（John Schwarz）和谢尔克（Joel Scherk）在20世纪70年代初第一次提出弦思想时，发挥了无穷的想象。那时他们正忙着认识自然的基本作用力。但没有实验事实需要用弦来取代粒子，当然更不曾有什么发现说明我们生在一个9维的世界。大多数人为把握长宽高费尽了心力。这些物理学家追随爱因斯坦的方法，让他们的头脑自由活动，制造假设，然后寻找那些假设的结果。直到今天我们也没有一个实验能真正检验弦理论。实际上，理论甚至没有做出任何确定的预言。然而，一些最伟大的理论物理学家 —— 物理学家里的艺术家 —— 还奋斗在弦理论，那个从他们的头脑中创造和发明出来的理论。

当然，即使在发明新理论的时候，物理学家也不可能创造所有的东西。我们已经认识了关于物理宇宙的大量事实，而这些事实是不能违背的。费曼在《物理学定律的特征》那本小书里说得好："我们需要的是想象，而且是严格约束下的想象。我们必须寻找一个新的世界图像，它必须符合已知的一切。只在某些预言上出现偏离……"[1]

物理学家在创造新事物时必须遵从一些已知的事实，小说家也是如此。那么，小说家的约束是什么呢？是我们已知的五花八门的人类行为和心理，也就是我们有时所谓的人性。约束小说家的正是这些真实的情感事实。

我举一个例子。一个小说家笔下的40岁左右的已婚男人，带着两个孩子。他刚和妻子参加完一个圣诞晚会。这位老兄——姑且叫他加布里埃尔（Gabriel）——没多少自信，刚来晚会的时候，还在为偶然得罪过主人家的女儿担心。后来他又担心晚餐后该怎么讲话。晚会过后，他和妻子去过夜的宾馆；孩子已经留在附近镇上的表姐家里了。天下着雪，妻子格蕾塔（Creta）一直很安静，但走在身边的加布里埃尔却对她满怀爱怜和欲望。他温柔地看着她，想起两人一起生活的幸福时刻。他想唤起她的美好回忆，忘掉多年来枯燥无味的生活，忘掉孩子，忘掉家务。夜深了，他们才走进雪中的旅店，上楼进了房间，只点亮了蜡烛。

加布里埃尔这时情不自禁，希望她也一样燃起欲望。但她转身离

---

1. Richard Feynman，*The Characteristics of Physical Law*（MIT Press，Cambridge，Mass.，1965），p．171.(此书和费曼的其他几本书的中译本即将由湖南科学技术出版社出版。—— 译者)

开他，开始哭起来。他问出什么事了，最后她说，晚会上一支悲伤的
歌曲令她想起年轻时认识的一个青年。加布里埃尔胸口涌出莫名的忧
虑，但还是接着问妻子那个男人过去的事情。格蕾塔说，他那时17岁，
是煤气工，长着大大的棕色眼睛，是一个温和体贴的男孩儿。他们经
常一起在乡间散步。加布里埃尔问她是不是爱上那个男孩儿了，她回
答说她"那时和他相处得很好"。然后她说，他17岁就死了。加布里埃
尔问，那么年轻，怎么就死了？格蕾塔说，"我想他是为我死的。"她
不再说话，满心悲伤，呜咽着倒在床上。

　　我描写的这个场景实际上是乔伊斯（James Joyce）著名的短篇小
说《死者》的最后一个情节。乔伊斯会如何结束这个情节呢？加布里
埃尔对妻子的坦白有什么反应？假如加布里埃尔没有反应，我们这
些读者，凭着我们自己的生活经验，会相信吗？当然不会。这样的结
局是失败的。假如加布里埃尔感觉比格蕾塔死去多年的恋人优越，然
后安抚她的痛苦，这样的反应也是失败的。假如加布里埃尔怒火中烧，
指责妻子跟人通奸，决定离开她，这倒是可能的结局，但那不是我们
所认识的加布里埃尔。乔伊斯的结局是这样的：加布里埃尔发现妻子
185　一直爱着那个死去的男孩儿，比爱自己更深，发现作为丈夫的自己在
她生命的记忆中扮演着多么可怜的角色，发现他自己从来没有像妻子
爱那男孩儿那样爱过一个女人。他只能伤心地对着玻璃窗，听着酣睡
的妻子的呼吸，陌生地看着她，仿佛她从来不是他的妻子，而他也从
来不是她的丈夫。我们相信这样的结局，知道它是真的，即使在小说
里，因为它符合我们对人性的认识，符合我们的个人生活经历。当然，
它也令我们痛苦。

　　小说家和物理学家都在寻求真理 —— 对小说家来说，真理在精神和心灵的世界；对物理学家来说，真理在力与物质的世界。在寻找真理的过程中，不论小说家还是物理学家都在创造。两种创造都是重要的，最终都要接受实验的检验。在物理学中，检验更客观、更有决定性，物理学家的创造不管多么优美，都容易遭到攻击；它可能被实验证明是错的。正是因为这个容易向实验屈服的弱点，我不能赞同某些科学哲学学派所说的，科学的一切都是人构造出来的。科学家常常强烈希望某个理论是正确的，后来事实却证明它是错的。亚里士多德认为行星在完美的圆形轨道上运动，这个思想简单而优美，然而第谷（Tycho Brahe）、开普勒（Johannes Kepler）和牛顿证明它是错误的。

　　小说的故事和人物是不会被否定的，但它们可能显得不真实，因而也就失去了感染力。这样说来，小说家也在不停地拿读者们的生活经验来检验他们的作品。

　　物理学家和小说家也有共同的经历 —— 最不同寻常的经历，那就是创造的瞬间。

　　我们都知道，科学家和艺术家的很多活动并不是特别有创造性的，[186]例如完成具体的计算、检查真空泵封口的润滑油、寻找故事发生的场所、确定背景的色调。不过也有那么短短的几秒钟或者几个小时，可能发生不寻常的事情，也就是科学家和小说家获得灵感的时刻 ——我认为他们在这个时刻的经历是非常相似的。

　　我一般在两个地方写东西。一个地方是在缅因州的一个岛上。从我的写字台可以望见50英尺外的大海。我看见鱼鹰和桂树丛，一条松针的小路在山脚下从我的屋前通向水边的码头。我另一个写作的地方在马萨诸塞，是从我家的车库隔出的一间储藏室，大壁橱那么大，潮湿而封闭，没有窗户。除了写字台前面1英尺的白色水泥墙，我什么也看不见。两个地方对于我写作是一样的好，因为工作20分钟以后，我就会从屋里"消失"，重新出现在我创造的虚幻世界，忘记刚才的环境。经过这种魔幻似的转移，我不但忘了现实，也忘了自己，忘了我的身体和灵魂。

创造是多么奇异而美妙的经历！我们带着整个身心来创造，在创造的过程中完全失去了自己。写作时，我忘了我在哪儿，我是谁。我成了纯粹的精神，融化在别人创造的精神里。我想，这是人类最接近不朽的时刻，也是我最快乐的时刻。

我第一次经历那样的创造性时刻，就发生在这里，加州理工学院，那时我22岁，正在读物理研究生。为了获得博士学位，除了上课以外，还必须解决一个重要的原创性的研究问题，而且发表出来。我读研究生时最早接触的一个研究问题与引力行为有关：引力是否一定同时间和空间几何的弯曲等价？

经过先期的工作和研究，我成功写出了需要解决的所有方程。但接着我"碰壁"了。我知道出了错，因为中间结果不像希望的那样出现，但我找不出错在哪儿。我做不下去了。日复一日，我检查了每一个方程，在没有窗户的小小办公室里来回踱步，还是不知道哪儿错了，把什么给漏了。疑惑和糊涂延续了几个月。它不像我在学校遇到过的其他问题，不可能从书本上找到答案。问题的答案是未知的。我被我的研究困扰着，日夜为它苦思冥想。我好些天没有离开过办公室，午饭和晚饭都在里面吃。抽屉里预备着金枪鱼罐头。我也断绝了与朋友的往来。我开始怀疑自己的能力，开始相信自己并不具备一个科学家应有的素质。

后来，一天早晨——我记得那是一个星期天的早晨——我大概5点钟就醒了，睡不着了。我那时在公寓里，不在办公室。我兴奋极了。我的头脑里正发生着什么事情。我在考虑我的科学问题，觉得自己已经陷进去了。我感觉头正在离开我的肩膀，我仿佛失重了，飘浮起来了。接着，我已经完全没有自我感觉了。这是完全忘我的经历，没有自我，不在乎结果，也不在乎认同或荣誉。那些感觉，我一点儿也没有，我只有一个确定的感觉。我强烈感觉自己深入了那个问题，认识了它，而且知道我是对的。那是令人惊奇的创造的瞬间——从内心深处知道自己是对的，不得不觉得自己是对的。188

心头涌过这样的感觉，我几乎虔诚地从床上爬起来，深怕惊扰了头脑里发生着的莫名奇迹。我赶紧来到厨房，那儿有张桌子；我拿出我计算的稿纸。这时，一缕阳光透过窗户照射进来。尽管我忘了周围的一切，但我知道我是完全孤独的。我想世界上大概不会有谁能在那个时刻帮助我。我也不想要什么帮助。所有的感觉和发现都涌现在我的脑海——孤独的感觉也是其中基本的一部分。我知道别人不知道的事情，这令我感觉到了自己的力量，仿佛我能做任何事情。在梦幻的状态，我似乎能发现一切。因为没有自我的感觉，所以不存在一个发现的"我"，没有发现者。那是纯粹的发现。

我在桌前坐下来开始工作，现在我能看清整个问题，知道需要什么近似，于是就在恰当的地方做些简化。不管怎么说，大约在几个星期里，我一直在无意识的状态下摸索着，寻求不同的可能和联系，最后终于走出来了。在厨房的桌边没过多久，我就解决了我研究的问题。我走出房间，感觉欣喜而振奋。突然我听到钟声，抬头看墙上的挂钟，已经下午两点了。

我说过在创造瞬间的那种自信的内心感觉。那种感觉，作为物理学家和小说家，我都经历过。我想自信的感觉是同人类精神的美的力量联系在一起的。物理学家跟小说家一样，也受美学的驱动。爱因斯坦在寻求结合引力与电磁力的统一场理论的时候，给朋友埃伦费斯特（Paul Ehrenfest）写信说，"最后的结果是那么美，我完全相信已经发现了如此多样的自然的场方程。"[1]不为情感所动的费曼在《物理学定律的特征》里也说，在猜想新的物理学定律时，最重要的事情是"知道你什么时候是正确的。在检验所有结果之前，我们就有可能知道什么时候是正确的。我们可以通过优美和简洁来识别真理"。

我所认识的物理学家和小说家至少在一点上是共同的：他们做什么事情是因为他们喜欢，因为他们不可能想象做其他任何事情。这种强迫性的冲动是幸福也是负担。说它幸福，因为创造性的生活充满了美，不是每个人都能享有的；说它负担，因为它需要坚忍不拔的勇气，从而可能耗费人的一生。这种幸福与负担的混合感觉，一定就是年轻的惠特曼（Walt Whitman）在意识到自己注定会成为诗人时所说的"甜

---

1. 爱因斯坦1929年给埃伦费斯特的信；引自Albert Folsing, *Albert Einstein*: *A Biography*, trans. EdWald Osers (Viking Books, New York, 1947), p. 606。

蜜的痛苦"，"我决不再逃避了"。[1] 因为这双重的感觉，钱德拉塞卡（Chanderasekhar）80多岁还在做物理学研究，贝特（Hans Bethe）90岁了还在做超新星的计算。[2] 一个年轻的物理学家在参观爱因斯坦在伯尔尼故居时发现，年轻的物理学家一手抱着婴儿，一手做着数学计算。

一个初学诗的人写信给里尔克，问他是否应该继续写下去。里尔克回答说，如果觉得不得不写，那就应该写下去："找出支配你写作的原因，看它是否深深植根在你心灵的最深处；扪心问问你自己，假如不让你写了，你是不是只有去死。这是最重要的 —— 在夜晚平静时，问问你自己：还需要我说吗？"[3]

我还记得30年前过访基普在帕洛马山的小屋的情景。那是一个火热的夏日。我们带着食品和饮料，爬上山去过周末。基普的研究生和博士后们忙着搭帐篷、整睡袋、放驱虫剂。我记得，大家把绳子缠在高大的树上，荡起秋千。点燃一堆篝火，有人拿出烧烤的铁架、木炭、火柴、小鸡和牛排。我四下里找基普，最后发现他一个人走开了，静静坐在一块大石头旁边的折叠椅上。他埋头在一叠稿纸上写方程，忘了世界，忘了快乐，做着他更喜欢的事情，他必须做的事情，既幸福，也沉重。对年轻学生来说，这是另一堂生动的课。

---

1. 惠特曼《草叶集·海流集》"从永久摇荡着的摇篮里"（1855年由作者出版，后来多次重印）。
2. 1967年，Hans Bethe(1906~)因为"对核反应理论的贡献，特别是关于星体产生能量的发现"获诺贝尔物理学奖。90岁时，他曾建议克林顿总统停止核试验。—— 译注
3. 里尔克《致一位青年诗人的信》，同前，pp. 18-19。

名词

这个词汇表介绍了本书出现的一些专业名词，同时指出了它们在文章中的位置。因为这些文章覆盖的专业面很窄，所以条目的数量也不多。不过，这里的说明超出了定义，可以独立存在。从这一点说，它可以补充基普《黑洞与时间弯曲》后面的简单的名词解释。

所有黑体字的名词在词汇表的其他地方都有定义。

黑洞视界 (black hole horizon)

"视界"或"事件视界"是把时空分成内、外两个区域的封闭曲面，其中内部的区域叫黑洞。确定一个视界的特征是，没有信号或作用能从内部到达外部。更复杂的讨论，请参考引言"视界与黑洞"一节。

蓝移 (blueshift)

"红移"与"蓝移"两词描写了从光源(如恒星)发出的光的频率与观测者(如天文学家)接收的频率之间的差别。也可以说，两词描写了光子在发射时的能量与它被接收时的能量的差别。

假如恒星离开地球而去，那么地球上的天文学家会接收到红移了的光。与恒星产生的光相比，其频率减小了，颜色更红了。被接收光子的能量比光子在发出时刻的能量低。假如恒星朝着地球运动，则出现相反的情形：地球上接收的光将向更高、更蓝的频率移动，光子也将比发射的时候具有更高的能量。

红移和蓝移也能因引力场而产生。假如我们站在一个高大灯塔的底部，光子从上面向我们"降落"下来时会获得能量。于是，它们比在塔顶产生时的能量更高、颜色更蓝。

霍金在他的文章里指出，光在每一个回到以前事件的循环中都会发生蓝移。

柯西视界（Cauchy horizon）

相对论思想的核心是因果性，即事件相互影响的方式。一个"事件"是时空中的一个"点"，即一定时刻的一个空间位置。假如信号在原则上能以光速或更低的速度从一个事件到达另一个事件，那么它就可以影响那个事件。

设想一下，我们考虑时空在某个时刻的所有点，也就是考虑某个常数时间曲面。在相对论的数学中，那些受我们的常数时间曲面影响的时空点叫作那个常数时间曲面的"柯西发展"（以法国数学家柯西（1789~1857）的名字命名）。在某种意义上，这些点回答了这样一个问题：来自常数时间曲面上的信息会发展成为什么？

正常的希望是，这个曲面的所有未来点都处在它的柯西发展区域。但是，正如霍金在他的文章里讲的，存在不是这种情形的时空，在那些时空中，存在着不完全决定未来所有区域的常数时间曲面。霍金为这样的时空引入了"柯西视界"，意思是能被确定的区域的边界。正如他指出的，柯西视界出现在爱因斯坦方程的某些黑洞解中。他还证明，如果时空要包含一个闭合类时曲线的区域，那么在一定条件下，柯西视界是必然的。

柯西视界有别于黑洞的视界（完整的说法是"事件视界"）。（见引言"视界与黑洞"一节。）不过，两种视界都具有把时空分隔成两个不同区域的性质。

闭合类时曲线（closed timelike curve）

一条世界线上的所有事件之间都存在类时的联系（参见类时和类空），所以一个事物的世界线可以称作通过时空的一条类时曲线。通过一定的方法（如穿过虫洞），物体可以第二次回到某个事件。这意味着物体的世界线是闭合的，就是说，它形成了一个圈。

闭合类时曲线的怪异在于，它上面的每个事件都同时是另一个事件的过去和未来。如果虫洞允许时空事件的非平凡联络，悖论就解决了。假如曲线是类空的（例如地球赤道），这些联络不会产生什么困难。我们可以沿地球赤道朝着一个不变的方向（如向东）走下去，然后回到出发点。存在这种可能是因为地球表面两点之间的联络属于一种非平凡几何（球面几何）。假如几何是通过恰当方式联结的，类时曲线也可能发生这样的事情。

宇宙监督（cosmic censorship）

时空奇性的发展为引力理论带来一个可怕的问题。只有在一套完备的原理下，有足够的确定时空及其事物行为的"定律"，科学原理才可能决定事物随时间的变化。但是，因为奇点包含着无限的量（如能量密度和曲率），它不可能用那些原理来刻画。假如时空中产生了奇点，则物理学定律将失去描述未来事件的力量。（预言能力的丧失会引出柯西视界。）

黑洞为我们忍受那种失落找到了借口。在黑洞事件视界以内没有什么可以影响视界外面的事物。于是，视界内的奇点不会对视界外面的预言能力产生影响。在几乎所有已知的事例中，奇点在视界内部产生，从而视界保护了外面的区域，使它免遭失去预言能力的命运。没有被这样遮蔽的奇点叫"裸奇点"。宇宙监督认为（或希望）现实条件下不可能形成"裸奇点"，物理学定律会监督奇点，把它隐藏在视界的背后。

宇宙弦（cosmic string）

宇宙弦是理论上假想的一根物质和能量的细丝，截面面积为零。由于物质和能量使时空发生弯曲，宇宙弦也会影响它周围的时空。宇宙弦可以简单看作一根极端的奇异材料的丝线，它紧紧卷缩在一起，几乎不占据体积。

不过，宇宙弦的意义却在另外一点。宇宙弦附近时空被那样扰动，是因为弦乃是时空的一个小小"缺陷"。我们可以拿一张纸和一把剪刀来模拟这种缺陷。从纸圆盘剪下一个楔形角，像切下一块馅饼一样。然后，拿胶水把圆盘的两个切开的边缘光滑地黏结起来，形成一个圆锥。这里说的缺陷就是圆锥的顶点，是2维纸上的一个零维缺陷。因为这个缺陷，圆锥在某些方面会不同于平直的纸片。差不多同样的道理，宇宙弦是4维时空里的一维缺陷。霍金在他的文章里说明，可以用宇宙弦(而非虫洞)来制造闭合类时曲线。

宇宙弦与那个用以认识基本粒子和力的"弦理论"没有直接联系。宇宙有多大，宇宙弦就有多长。弦理论的弦却比最小的基本粒子还小。

宇宙学常数（cosmological constant）

为了让广义相对论的曲率与当前宇宙的物质和能量的总量联系起来，爱因斯坦对自己的理论提出了修正。一个被称作"宇宙学常数"的量决定了这个修正的总量。假如常数为零，结果就是爱因斯坦原先的相对论(他的"狭义相对论")。那样形式的修正，相当于宇宙以很低的密度均匀充满了寻常性质的物质。因为这一点，宇宙学常数有时被认为关联着所谓虚空空间的物理性质，仿佛虚空的空间(真空)有着内在的能量。

目前，天文学观测很难与爱因斯坦的标准理论协调起来，宇宙学常数得到越来越多的科学家的关注。那些观测也驱使物理学家考虑一种新的可能充满着宇宙的"暗物质"。

霍金在文章中提到哥德尔时空的奇异性质，那就是带宇宙学常数的爱因斯坦理论的一个解。

弯曲与平直（curve and flat）

在2维的平面(如黑板)上，我们原则上可以构造一组相互间隔不变的平行直线，然后构造另一组具有相同性质的平行线，让它们都垂直于第一组。因为能做到这一点，平面上的几何就被说成是"平直的"。即使在原则上，这样的构造也并不是总能实现的。例如在地球表面就做不到。不能做到这一点的(也就是不平直的)几何，被称为"弯曲的"。在3维几何里，我们要看是否能构造三组线，每一组都垂直于其他两组。在每一组中，线在延伸时，不论延伸多远，都是平行的。平直与弯曲的概念可以像这样推广到任意多的维度，不但适用于空间，也一样适用于时空。

能量密度（energy）

能量动量张量（energy-momentum tensor）

根据爱因斯坦的引力理论(广义相对论)，时空的曲率(也就是引力)是所有物质和场(如电场)产生的。时空弯曲是否强烈，决定于物质和场在时空的积聚是否紧密。最重要的是时空能量的密度，即每单位体积的能量。

对寻常的物质和场而言，能量密度是零或正数，从实际的意义说，一般认为不可能有负的能量密度。这对时间旅行是不利的，因为虫洞需要负能量密度。不过虫洞还是有一定希望的。根据量子理论，在某种情况下，场的量子涨落可能允许负能量密度的存在。最近有关时间旅行的争论集中在能否在原则上利用那些量子涨落来构造虫洞。

尽管能量密度是宇宙间物质和场的最重要方面，时空的其他方面也重要，因而也必须在爱因斯坦理论的数学中具体表现出来。包括所有信息的那个数学对象就是"能量动量张量"，或者"应力能量张量"。

物态方程（equation of state）

星体结构决定于引力与星体物质内部的压力的联合作用，引力把物质向内吸引，而压力将物质向外挤压。向外的压力与星体物质的条件(特别是密度)的关系，叫作"物质的状态方程"。对寻常的星体来说，状态方程涉及的是高温气体的物理学，我们已经有了很好的认识。而对中子星来说，方程依赖于核力的具体性质，我们还不完全了解。索恩在他的文章中说明了激光干涉仪的引力波观测如何帮助物理学家更好认识核物质的状态方程。

奇异物质（exotic material）

任何形式的物质和场(如电磁场)都有联系物质或能量密度与其压力的状态方程。对寻常物质来说，它内部的压力的大小在一定意义上远小于它的密度。为了构造虫洞和以虫洞为基础的时间机器，需要与寻常物质截然不同的物质，索恩等人称它们为"奇异物质"。这是索恩在文章的后面讨论的第九个预言的主题。

广义相对论（general relativity）

"广义相对论"是爱因斯坦1915年提出的引力理论的名字，有别于他1905年提出的关于时空的"狭义相对论"，狭义相对论只能应用于没有引力作用的特殊情形。广义相对论通过时空的曲率来描述引力作用，而在狭义相对论中，时空是平直的(参见弯曲与平直)。我们在引言里看到("为什么时空几何弯曲了"一节)，弯曲时空的思想与引力有着自然的联系。

爱因斯坦的理论是第一个用弯曲时空来描述引力的理论，但它不是唯一的，本世纪还提出过许多其他理论。多数理论的差别只在于一些数学法则，这些法则决定了时空物质(和能量)如何使时空发生弯曲。从数学上说，爱因斯坦的理论在那些理论中具有最简单的法则。这个理论的简单性已经经过了引力理论的所有实验检验。有趣的是，爱因斯坦引进了一个宇宙学常数，从而修改了他的法则，至今还在宇宙动力学中发挥着作用。

祖孙怪圈（grandfather paradox）

假如人们能到时间的过去旅行，并且改变已经发生过的事情，就会遭遇"祖孙怪圈"所说的矛盾。正如霍金在文章里写的，"假如你回到过去，在父亲出生之前把爷爷杀死了，会发生什么事情呢？"假如允许发生这样的事情，那么你就不会出生，也就不可能像那样回到过去干预发生的事情。物理学家做了许多工作来证明，只要一切物体都遵从确定的物理学定律，时间旅行未必会引发那样的矛盾。(霍金特别排除了自由意志，顾名思义，那是非确定性的东西。）诺维柯夫详细描述了如何在某些时间旅行的图景中避免这些矛盾。

超空间（hyperspace）

一个2维的世界（如平面、土豆片、地球表面）在数学上完全可以通过它自身内部的几何（纯粹在那个世界内部所度量的距离关系）来描写。不过，把这样的世界直观地画在一个平直的3维世界里，会带来很大帮助。相对论处理的是更高维的弯曲几何，特别是4维的弯曲时空。有时我们需要把这些相对论的弯曲几何想象为某个更高维的平直（见弯曲与平直）空间里的曲面 —— 那个高维的平直空间就是超空间。诺维柯夫和索恩在他们的文章里都利用了这种图像。尽管超空间在直观上是有用的图像，却很少进入相对论的数学。我们一般都通过4维时空的内部几何来做相对论研究，相对论专家不喜欢更高维的超空间。

激光干涉测量法（laser interferometry）

从单个源发出的波信号沿着两条不同路径向我们传来时，分离的两列波将通过相互抵消或加强的所谓"干涉"现象而复合在一起. 薄薄油层上的多色条带就源于油层底面与表面反射的光波之间的干涉；条带的位置取决于油层的厚度。在干涉测量法中，条带位置就这样用来度量厚度。这个技术可以推广到巨大"厚度"的测量，如分离几千米的两个镜面间的距离，但是，只有激光产生的纯色光线才可能在如此大的距离间形成条带。因为激光干涉仪在测量两个分离物体的距离时有着异乎寻常的精度，很适合来探测距离的波动 —— 当引力波作用于两个远距离物体时就可能出现那样的波动。

度规（metric）

引言的开头专门讨论了空间或时空中两个分离点之间的距离的量化思想。名词"度规"指的是确定那个距离的公式。确定度规就是确定几何。于是，霍金在文章里所说的"度规的量子涨落"实际上指的是时空几何的量子理论的可能性。我们知道。量子效应为电子轨道带来了不确定性，而霍金告诉我们，它还可能为时空几何自身带来不确定性。

中子星（neutron star）

原子的多数质量集中在原子核，但原子的大小却取决于原子的电子，电子占据的空间比原子核的尺度大得多。某些星体的引力特别强大，星体物质中原子的电子（带负电）可以被挤压到原子核中去，与带正电的质子结合成中子。于是整个星体由极度紧密聚集起来的中子所组成。跟普通物质不同，这种极端致密的"核物质"有着基本由核力所决定的物态方程。

引力与核力的物理学细节决定了中子星只不过比我们的太阳重几倍，尽管尺度小很多。实际上，中子星并不比相同质量的黑洞视界大很多。中子星和黑洞都非常致密，因而可能形成相互环绕的双星系统，能产生强烈的引力波。基普在他的文章里讨论了这种系统的引力波探测(利用激光干涉测量法)如何能为物理学家带来重要的关于核力和核物态方程的信息。

非线性(nonlinearity)

"线性"一词，在涉及方程、理论和物理相互作用时，并不用来描写一条直线。其实它在广泛的意义上说的是事情可以叠加。经典电动力学就是一个关于线性相互作用的理论。假如我们先计算一个电荷的电场，然后计算另一个电荷的电场，那么，我们把刚计算的这两个电场加起来，就得到了两个电荷共同的电场。

在爱因斯坦的广义相对论中，引力并不像电场那样表现。两个物体的引力不是每个物体的引力的简单相加。在某些相互作用中(如涉及引力的相互作用)，简单求和不能给出正确的答案，我们就说它们是非线性的。爱因斯坦理论的许多技术困难都跟它的非线性特征有关。

计算(数值)相对论(numerical relativity)

爱因斯坦广义相对论的数学是一组非常困难的关于决定时空几何的度规的方程。只有在很简单的几何形态(如球对称时空)下，方程才有简单的数学解。20世纪70年代以来，许多研究进入了"计算相对论"，用巨型计算机来求解爱因斯坦方程。终于，计算相对论能求解现实的复杂的天体物理学状态，但是计算机解的进步却异常艰辛，部分原因在于爱因斯坦方程的非线性特征。索恩在文章里指出，指望从致密双星系统的旋转探测引力波的物理学家们正做着计算相对论的工作，想算出那些波的细节来。

普朗克时间（Plank time）

目前还没有一个理论把爱因斯坦的弯曲时空引力与量子理论的原理结合在一起，不过，我们还是有可能就一个完整理论的某些特征做出一些相当可靠的判断。其中一个很重要的判断就牵涉到"普朗克单位"（也叫"普朗克－惠勒单位"）—— 平等地把弯曲时空引力与量子理论结合在一起的相互作用的特征能量、时间和距离。物理学家认为这些单位可以根据物理学理论的基本常数构造出来：植根狭义相对论的光速（c）、量子理论的普朗克常数（h）、引力理论的普适常数（G）。这样，普朗克时间就是（Gh/c^5）$^{1/2}$，大约为 10^{-43} 秒。

量子理论（quantum theory）

量子理论和相对论一起是20世纪物理学的两个伟大进步。"量子理论"是一个广义的名词，在它所代表的理论中，物理学定律只能预言不同实验结果出现的概率。在量子理论中，如果知道一个物理系统在今天的所有可能事情，也不能保证完全准确地预言它在明天的情形。我们仍然只能预言实验可能发生的结果（叫作"期望值"），不过，任何单个的实验都可能得出不同的值。我们用"量子涨落"一词来指量子理论中物理量数值的改变方式。

"经典"理论是决定论的理论，它在原则上可以精确预言物理系统的未来状态；量子理论则与它截然相反。事实证明，经典理论（如牛顿力学和麦克斯韦电动力学)不能充分地描写原子结构、原子在分子中的行为、光在一定条件下的行为。

量子理论存在不同形式。起初，物理学家用量子理论来描写原子，却用完全确定的定律来描写原子中的电磁场。后来，物理学家成功建立了"量子场"的理论，在这个理论中，如电磁场那样的场具有量子涨落。有趣的是，即使根据经典预言没有场的时候，场的涨落也依然存在。这叫"真空涨落"，是一门牢固的量子场论。索恩在文章接近尾声时指出，真空涨落在预防虫洞的问题上可能起着关键的作用。

现在，物理学家们用的理论还把时空本身看作经典对象。这些混血理论(经典的时空装着量子的内容)叫作"半经典的"理论。理论物理学长期面临的一个挑战就是寻求一个"完全的量子理论"来描写时空涨落、时空度规以及时空里的一切事物。这样一个将要取代广义相对论的理论有时被称作"量子引力"。

所有量子理论的一个共同特征是，量子涨落遵从一定的法则。最重要的法则是霍金提到的"不确定性原理"。根据不确定性原理，可测的物理量可以结成涨落相互关联的对子。假如物理系统很好地确定了对子中的一个量，那么另一个量就不可能很好地确定，而会产生剧烈的涨落。粒子的位置和速度就构成这样一个变量对。在量子引力理论中，事件在时空中的位置与事件相关的能量也构成这样的变量对。有些物理学家相信邻近时空奇点的量子涨落将"抹平"经典预言的无穷大，挽回时空的可预言性(量子的有限的预言能力)。(参见宇宙监督。)

信噪比(signal-to-noise ratio)

在任何实验和测量中，科学家都在寻找某个包含着他们期待的信息的"信号"。信号总伴随着令人讨厌的多余成分，它可能是(例如)探测仪器的缺陷造成的。这种多余的成分一般被称作"噪声"，虽然它很少与声音有关。需要的相对重要的信号与不需要的噪声的比值，叫"信噪比"。

在日常的通信技术中(如无线电传播)，噪声通常很小，在接收的信号里几乎不容易觉察。但在许多科学实验中，噪声却可能很大。实验处在一切可能的前沿，这决定了它们必然跟比噪声更微弱的信号打交道，引力波信号是极其微弱的，因而能否从它们获取信息在很大程度上有赖于科学家能否从巨大的噪声中成功分辨出微小的信号。

索恩在文章里讨论了小黑洞落进大黑洞时产生的引力波信号。他的预言基于他对2010~2015年的信噪比能力的希望，那时候，我们用LISA(激光干涉测量空间天线)的空间基线方法来观测引力波。

奇点(singularity)

物理学理论预言量的大小，有时预言出无穷大的量。我们来看一个例子：压力可以忽略的球状物质(例如一粒球状的尘埃)的引力收缩。根据牛顿的经典引力理论，向内的引力作用是没有极限的，可以把球压缩到零半径，于是产生无穷大的物质密度。这样的无限密度就是一个"奇点"，它背离了我们一般期待的物理量的连续的有限行为。在牛顿理论中，很容易把球状物体的这种奇异行为归因于物体是理想球体这一不合理假设。

在广义相对论(爱因斯坦关于时空几何的理论)中，奇点一般对应着时空的无限曲率(见弯曲与平直和卷曲)。跟牛顿奇点不同的是，我们不容易把爱因斯坦理论中的奇点当作不现实的人工结构而摒弃。广义相对论奇点可以在很多条件下形成，在天体物理学中，我们至少能在两种情形下遇到奇点。一个奇点在黑洞视界内部(不论黑洞什么时候形成)；而宇宙的起点——大爆炸，本身就是一个奇点。

一般认为，时空的理论奇点源于爱因斯坦理论的不完备性，在结合了爱因斯坦理论与量子理论的更完备的理论中，那些奇点是不会出现的。

历史求和(sum over histories)

诺贝尔奖获得者、加州理工学院物理学家费曼(1918~1988)对量子理论，特别是量子场论有过许多贡献。其中最令人感兴趣的是他证明了，量子理论中的粒子似乎在以某种方式摸索从起点到终点之间的所有可能的时空路径。在经典物理学中，粒子只走一条路径，但在量子物理学中，任何时空路径都存在一定的概率(最大概率的路径通常就是我们预期的经典路径)。于是，在量子理论中，实验的不同结果被认为是时空的不同路径。费曼称这种计算量子涨落的方法为"历史求和"。它不涉及时空在小尺度上光滑连续的假定，因而是建立量子引力理论的好办法。

常时间曲面（surface of constant time）

在时空里，我们说"在某个给定的时刻"，指的是那个时刻的所有事件。这些事件可以有任何空间位置，于是"在某个给定的时刻"是一个3维点集或3维曲面，我们称它为常时间曲面。（在普通空间，3维该叫"体"，但在4维时空，我们用"曲面"来指3维或2维结构。）

霍金讨论了一个文明是否能修改某个常时间曲面 S 的未来时空，这是以精确的方式来谈论那个文明在某个时刻之后改变时空。

类时和类空（timelike and spacelike）

我们考虑两个事件，在某个参照系中，它们发生在相同的空间位置却在不同的时刻。引言（"时空图"一节）指出，不可能存在一个参照系，使这两个事件发生在同一时刻。在任何参照系里，那两个事件都存在着时间差。我们说这样的事件具有类时的间隔。反过来，在某个参照系中发生在同一时刻的两个事件具有类空的间隔。

物理粒子所经历的任何两个事件一定具有类时的间隔。于是，这样一个物理对象的世界线上点与点之间都有着类时的间隔。

两点函数（two-point function）

广义相对论有奇点问题，量子理论也同样有奇点问题，尽管形式不同。在量子场论中，事件在时空的位置与事件涉及的能量是一对

"不确定性原理"的物理量。由于在小尺度确定的量具有更大的量子涨落，所以，当我们想在无穷小的距离上测量时空或物理场的性质时，涨落会趋于无穷大。能量的大涨落会带来矛盾，使小粒子变得无限重。科学家已经发现了几个等价的方法可以清除这些涨落效应，得到了能很好符合实验的理论。在广义相对论的弯曲时空里，清除那些东西要困难得多，但不那么做会更危险，因为涨落将破坏时空本身的光滑性。霍金讲了一个办法，考察那些涨落如何在相邻两点发生，然后用名字普通的"两点函数"，像在平直时空那样驱除无穷大。霍金还考察了当弯曲时空包含闭合类时曲线时可能发生的事情，当我们用两点函数的方法来驱除平直时空的奇点时，它是没有必要经过这个检验的！

因为发生在小距离的量子涨落包含着更多的能量，所以有可能找到那样一个小距离，涨落的能量大得足以形成一个小黑洞，而黑洞视界正好等于那个小距离。物理学家预计，在那样的小距离上，时空不可能是光滑的。霍金提出，这给涨落提供了一个自然"了结"，自然也许不会产生奇异涨落，而更可能把它们限制在那样的最小尺度和最大能量。

卷曲（warpage）

当时空不平直（见弯曲与平直），我们有办法来定量描写它有多弯曲。在2维曲面的情形，弯曲的程度由两个数来确定：曲面的极大和极小曲率半径。半径越小，曲面越弯曲。在高维情形，情况要复杂得多，但量化的一般图像依然正确。在讨论引力波天文学未来时，索恩用"卷曲"这个词来指黑洞外面（引力波可能探测的区域）高度弯曲时空的曲率的一般度量。

波形（waveform）

自然来源的波（声波、电磁波、引力波等）很少是固定振幅和周期的简单振荡。实际上，复杂的波源会产生复杂的"波形"，即波信号随时间的变化情况。来自交响乐团的声波就是复杂波形的一个例子，它包含着许多乐器的信息。索恩在文章里预言，在不远的将来，激光干涉技术将以很高的信噪比探测到引力波的波形，于是科学家将认识许多关于黑洞附近时空弯曲的知识，以及别的更多的知识。

世界线（worldine）

在时空图中（见引言里的"时空图"），我们通常画一条线（不一定是直的）来代表物理对象发生的事件的连续流。这样的线叫物体的世界线。这个概念非常有用，使用时往往不需要参照特别的时空图，而说明了物体运动的一般思想。

虫洞（wormholes）

在简单平直的欧氏空间 —— 我们凭直觉认为我们生活的那个空间 —— 两个位置之间只存在一条最短的路径，路径稍有摆动都会变得更长。爱因斯坦理论告诉我们空间不是平直的，于是连接两个空间位置的路线可能出现更有趣的事情。两个位置之间有可能存在两条（或更多）路径，两条路径都是"最短的" —— 就是说，任何摆动都会使它变长。两条路径的长度不必相同，实际上其中一条可能比另一条短很多。在这种情形，时空物理学家称短的那条路径为"虫洞"。路径发生分离的地方叫虫洞的"洞口"。

虫洞是弯曲3维空间里的非凡结构，不容易直观画出。我们所能做的，只是用一个2维的同类连接的例子，引言就是那么做的(特别是图9)。诺维柯夫在他关于到过去旅行的文章里，用2维井口(通过引力井相连接)描绘了一个虫洞。在这些3维图像里，2维虫洞看起来就像一条狭窄隧道的边界，一只小虫在地上打的一个小洞。

虫洞是一条捷径，它的存在使我们能在很短的时间里往来两个遥远的地方，比光通过那两点间的标准路线的时间还短。从某种意义说，这显然是一种超光速的旅行。(它并不真的超过了光速：光子穿过虫洞的速度比任何粒子都快。)这种超光速旅行使我们有可能回到更早的时间，并且走一条闭合类时曲线。当然，这一点不是显而易见的。在引言里，这一点是通过两个做相对运动的虫洞来实现的。在诺维柯夫的文章里，通过引力与一个虫洞相结合，也实现了这一点。

在最近10年，物理学定律是否允许虫洞存在的问题，经过了热烈的研究。霍金文章的一个主题就是关于目前接受的答案："可能不"。

关于虫洞及其与时间旅行的联系，更多的细节可以参见索恩的《黑洞与时间弯曲》。

主题索引

A

B

C

D

E

H

I

K

L

M

N

R

S

T

W

人名索引

S

T

V

W

译后记

译者
2004 年 9 月，成都

在中国传统中，60岁是一个甲子，老人常常以它作为人生坐标的另一个单位。在物理学圈子里，物理学家大过60岁生日，也是一个传统。爱因斯坦在普朗克60岁生日的庆祝会上发表了《探索的动机》的讲话，开头的那段，在这里重复也似乎很恰当：

> 在科学的庙堂里有许多房舍，住在里面的人真是各式各样，而引导他们到那里去的动机实在也各不相同。有许多人所以爱好科学，是因为科学给他们以超乎常人的智力上的快感，科学是他们自己的特殊娱乐，他们在这种娱乐中寻求生动活泼的经验和雄心壮志的满足；在这座庙堂里，另外还有许多人之所以把他们的脑力产物奉献在祭坛上，为的是纯粹功利的目的。如果上帝有位天使跑来把所有属于这两类的人都赶出庙堂，那么聚集在那里的人就会大大减少，但是，仍然还有一些人留在这里，其中有古人，也有今人……[1]

---

1. 许良英等编译《爱因斯坦文集》第一卷，商务印书馆，1976年，p.100。

普朗克是当年的"今人"里的一个；而今天我们有着更多的"今人"：给基普祝寿的人，为本书写文章的人，还有来读这本书的人——不问动机，来者是客。

在纸上参加这个贺寿的会，跟其他欢乐聚会一样，不为学多少东西，重要的是把自己融入一种新的氛围。就像墨老夫子说的："染于苍则苍，染于黄则黄，所入者变，其色亦变，五入必，而已则为五色矣。"(《墨子·所染篇》)我们现在来听几个人的讲话，感染不同的颜色：物理学的，数学的，科学家的，文学家的，还有藏在它们背后的大自然的。从这个染缸里走出来，可能不知道该相信数学还是直觉，相信想象还是现实。

英国皇家学会会长 William Spottiswood 在 1878 年的就职演讲中说过，"与空间和时间共存的是数学的王国；在这个王国里她是至高无上的，不可能存在违背她的秩序的东西，也不可能发生对抗她的法律的事情。"一年以后爱因斯坦才出生。说话者一定"想象"不出今天能给它增添新的意思。我们看到，时空离开数学来想象，王国便失去国王，秩序也化为怪圈，惹起霍金和他的伙伴们"豪"赌的热情。那些赌博是一种选择，色彩的选择，永远没有结果，所以我们更多的"今人"只好在想象与现实间永远地游荡。

更有趣的是，物理想象往往发生在数学现实的后面。我们听过牛顿的苹果的故事，数学王子高斯不信有那样的事情："如果你愿意，当然可以相信它。"王子认为事实是这样的：牛顿为了躲避一个笨蛋的纠缠，就说苹果落下来砸在他的鼻子上。那人听懂了，高高兴兴走开了。现在物理学家们自己成了牛顿和高斯眼里的笨蛋，幻想一个个怪圈，把自己包裹在里面。有的爱好者，喜欢从几个名词出发，然后凭着无限的想象去构筑他自己半物理半哲学的桃花源。我想，这些朋友特别应该记住"小说家的物理学家"Lightman 的那句话："对一个现代物理学家来说，'电子'这个词就意味着一个特殊的方程。"

当然，我们还是有权利对虫洞提出疑问，也许那些能在倏忽之间穿过的虫洞，只不过是"美水村"百姓的心愿的另一种幻觉（《百喻经》）：

> 昔有一聚落，去王城五由旬。村中有好美水，王敕村
> 人，常使日日送其美水。村人疲苦，悉欲移避远此村去。
> 时彼村主语诸人言："汝等莫去。我当为汝白王改五由旬作
> 三由旬，使汝得近往来不疲。"即往白王。王为改之作三由
> 旬。众人闻已便大欢喜。

（"由旬"是印度的里程单位，从30~60里的说法都有。）我们不知道是不是可以拿传统的尺子去度量幻想的空间；或者拿幻想的字眼来"名"现实的事物。

本书的题目，"时空的未来"（The Future of Spacetime），也藏着一个怪圈，因为"未来"就在"时空"里。这又应了一句不那么老的话，"任何可靠的推理过程，都不可能产生不包含在前提里的结果"（J. W. Mellor）。喜欢想象的读者，千万不要从这句话引出更多的怪圈来。

图书在版编目（CIP）数据

时空的未来 / （英）史蒂芬·霍金等著；李泳译 . — 长沙：湖南科学技术出版社，2018.1
（2021.1 重印）
（第一推动丛书 . 宇宙系列）
ISBN 978-7-5357-9458-1
Ⅰ . ①时… Ⅱ . ①史… ②李… Ⅲ . ①时空—研究 Ⅳ . ① O412.1
中国版本图书馆 CIP 数据核字（2017）第 213927 号

The Future of Spacetime
By Richard Price , Stephen Hawking , Kip S.Thorne , Igor Novikov , Timothy Ferris.
Copyright © 2002 by California Institute of Technology

This edition arranged with Gelfman Schneider Literary agents , INC. through Big Apple
Agency , Inc. , Labuan , Malaysia.

湖南科学技术出版社与上海九久读书人文化实业有限公司通过大苹果著作权代理公司获得本书中文
简体版中国大陆独家出版发行权
著作权合同登记号 18-2002-223

SHIKONG DE WEILAI
时空的未来

著者	**印刷**
［英］史蒂芬·霍金 等	湖南凌宇纸品有限公司
译者	**厂址**
李泳	长沙市长沙县黄花镇黄花工业园
责任编辑	**邮编**
吴炜 戴涛 杨波	410137
装帧设计	**版次**
邵年 李叶 李星霖 赵宛青	2018 年 1 月第 1 版
出版发行	**印次**
湖南科学技术出版社	2021 年 1 月第 5 次印刷
社址	**开本**
长沙市湘雅路 276 号	880mm×1230mm 1/32
http://www.hnstp.com	**印张**
湖南科学技术出版社	7.25
天猫旗舰店网址	**字数**
http://hnkjcbs.tmall.com	147000
邮购联系	**书号**
本社直销科 0731-84375808	ISBN 978-7-5357-9458-1
	定价
	39.00 元